著

极心力

人民邮电出版社

北　京

图书在版编目（CIP）数据

积极心力 / 许宗诺著. -- 北京：人民邮电出版社，
2025. -- ISBN 978-7-115-66968-1

Ⅰ. B84-49

中国国家版本馆 CIP 数据核字第 20251M24Z5 号

内容提要

《积极心力》以积极心理学为理论根基，聚焦"幸福力"的构建与提升，系统阐释如何通过唤醒个体的积极天性、激发其内生动力、重塑其思维模式，最终助其实现从认知到行为的转化。

全书以"去专业化、强工具化"为特色，兼顾理论深度与实践亲和力，围绕"三自技术""心流技术""理性情绪行为疗法""可拓学""模型疗法"等核心工具展开，结合大量案例分析与实践练习，将抽象的心理学理论转化为可操作的行动指南。通过觉知自我、认知自我、疗愈自我的递进式训练，帮助读者突破情绪困扰、建立成长型思维，在生活与工作中获得"自得其乐"的最优体验，实现从"追逐幸福"到"创造幸福"的心智跃迁。

深受焦虑、抑郁等情绪困扰的普通读者，可借助书中技术工具实现自助疗愈；心理学爱好者与从业者，可系统掌握积极心理学的跨界应用范式；教育工作者、企业培训师及管理者，可将其转化为增加团队心理资本与提升团队自驱力的实用指南。

◆ 著　　　许宗诺
责任编辑　田　甜
责任印制　彭志环

◆ 人民邮电出版社出版发行　　北京市丰台区成寿寺路 11 号
邮编 100164　　电子邮件 315@ptpress.com.cn
网址 https://www.ptpress.com.cn
优奇仕印刷河北有限公司印刷

◆ 开本：787×1092　1/32
印张：8.75　　　　　　　　　2025 年 5 月第 1 版
字数：150 千字　　　　　　　2025 年 5 月河北第 1 次印刷

定　价：55.00 元

读者服务热线：（010）81055656　印装质量热线：（010）81055316
反盗版热线：（010）81055315

推荐序

悦纳进取，走向幸福

对幸福的追寻是人类文明的永恒命题。然而在物质生活高度丰裕的当下，人们的幸福感却并未同步增长。当温饱已不再是生存的桎梏，我们不禁追问：幸福究竟源于何处？又该如何抵达？

作为一名深耕临床心理学与应用心理学领域的精神科医师，我深切体会到心理健康对幸福感的奠基作用。可以说，心理健康犹如土壤，唯有丰沃的土壤才能孕育幸福之花。而积极心理学的科学实践，或许是当代人"走向幸福"的有效路径之一。《积极心力》的创作初衷，正是希望为读者架设一座通往幸福彼岸的认知桥梁。

作为心理学领域的新兴科学，积极心理学始终聚焦于人类优势品质的发掘与幸福感的提升。本书以"幸福力"的培养为轴线，系统阐释如何通过唤醒积极天性、激发内在动机及重塑思维模式，构建可持续的幸福生态。值得一提的是，本书创造性地融合了王阳明心学的东方智慧，通过"致良知"与"事上磨炼"等核心理念，为积极心理学的实践搭建了更具文化适应性的框架——这种具有东西方智慧的对话不仅拓展了理论维度，更印证了积极心理学的跨文化生命力。

在理论建构层面，本书与我倡导的"悦纳心理疗法"形成深度共鸣。悦纳心理疗法以现代心理学实证研究为根基，汲取中国传统文化的精髓，凝练出"知己知彼、反应适当、真实和谐、悦纳进取"的16字心法，并衍生出"悦纳访谈""悦纳辩证"等临床工具。这种本土化创新恰与本书强调的文化自觉形成双重印证。

作为临床心理学教授与心身医学研究者，我始终秉持"知行合一"的学术理念。《积极心力》既包含前沿理论洞见，更设计了渐进式训练体系——从自我觉察到认知重构，从动机激发到行为实践，读者可逐步寻得提升幸福力的具体路径。书中的正念冥想、优势日记等工具均经过临床实证检验，能有效帮助个体在生活、工作与学习中建立积极心理循环。

期待这本书能成为读者探索幸福之路的指南针。当我们学会以积极心力浇灌心田，便能在纷繁世界中构筑属于自己的精神花园——那里孕育了坚韧而温暖的生命力量，既有科学理性的根基，也有人文关怀的温度。

邓云龙

中南大学湘雅三医院临床心理科

一级主任医师、教授

2025 年 1 月

自　序

以心为舟，渡向幸福的彼岸

在撰写本书时，我常想起多年前的一次对话。那是一个深秋的午后，一名学生坐在我面前，眼中噙泪问道："老师，您总说幸福可以学习，但为什么我读了很多心理学的书，却依然感觉不到幸福？"这个问题像一记重锤，敲醒了我，让我开始对心理学进行反思——原来，知识与行动之间，始终横亘着一条名为"心力"的河流。

缘起：从"知道"到"做到"的鸿沟

作为一名心理学从业者，我曾在前辈们的学术论文中读到"幸福的可塑性"，也曾在讲座中激情澎湃地讲述过"心流体验"的奥秘，但当我看到无数人熟谙心理学理论却依然困在焦虑与迷茫中时，我意识到，在 AI 时代，我们缺的不是关于幸福的知识，而是将这些知识转化为幸福体验的能力。

这种能力，我称之为"幸福力"——它不仅是人类与生俱来的天赋，更是需要后天锤炼的"心理肌肉"；它不是虚无缥缈的心灵鸡汤，而是基于脑科学、心理学与东方智慧的实践体系。于是，我决定写一本"不一样"的书，它不必高悬于学术殿堂，而是能放在每个人的床头、案边；它不仅要解释"为什么"，更要回答"怎么做"。

探索：在科学与文化之间架起桥梁

为了构建本书的方法论，我走过了三段漫长的探索旅程。

（1）向科学求真。从塞利格曼对习得性无助的研究，到契克森米哈赖的心流研究，再到可拓学创始人蔡文的矛盾转化理论，我不断验证哪些技术真正具有普适性。

（2）向传统问道。在贵阳龙场拜谒阳明洞时，我忽然领悟到"知行合一"与现代自驱力理论的共通之

处；在敦煌莫高窟的壁画前，"禅定修心"的智慧与
认知行为疗法竟跨越时空产生了共振。

（3）向实践求实。我将书中每一章的内容先用于
心理咨询室里的来访者、企业培训中的职场人、学校
课堂上的青少年，甚至包括我自己——在我儿子中考
前焦虑爆发时，我运用"理性情绪行为疗法"一步步
拆解他的"灾难化想象"；当团队遭遇创新瓶颈时，"拓
展思维4步法"帮助我们发现了意料之外的解决方案。

这些经历让我确信：幸福力的培养，既需要科学
理论的"骨架"，也需要文化智慧的"血液"，更需要
实践经验的"肌肉"。

初心：献给每一个"未完成的修行者"

本书的9大概念如下。

（1）幸福力。在不同的人生阶段，你可能会对幸
福有不同的定义，直到形成稳定的世界观、人生观和
价值观后，才在动态平衡中基本定型。

（2）积极心力。它激发出积极天性的潜能，进而
获得幸福力。

（3）内在动机。它让你在生活、学习或工作中自
主行动，体验到自在的乐趣。

（4）三自技术。它助你掌控人生的方向盘，自主选择，享受自在的乐趣。

（5）觉知力。它让你觉察自己的言语、行为、思想、情绪等如何被惯性思维捆绑。

（6）成长型思维。它让你在面对挑战、困难时，相信一切皆有可能。

（7）心流体验。它带你品尝"当下即永恒"的滋味，感受鲜活的生命，充满好奇心，勇于探索。

（8）理性情绪行为疗法。它助你在面对情境事件出现困扰时，找到自己的非理性信念，走出情绪困扰。

（9）阳明心学。它像一面镜子，照见"良知"如何成为幸福的指南针。

你可能会发现，某些内容让你豁然开朗，而某些方法起初显得笨拙，甚至有些练习会让你忍不住想合上本书——这恰恰是改变发生的征兆。就像我在学习"模型疗法"时，曾花了3个月才突破"惯性导航"的心智模型陷阱；在训练"积极心力"的最初2周里，每天记录认知、情绪、意志和行为后的疲惫感几乎让我放弃。但在我坚持走过这段旅程后终于明白：所谓幸福力，恰恰诞生于"虽然我知道很难，但我选择继续，并且乐在其中"的体验。

邀请：让我们共同完成这场"实验"

这不是一本用来"阅读"的书，而是一个需要"活出来"的生命实验手册。你可以从第五章"觉知力与心智模型"开始，像拆解一团乱麻般梳理自己的心智模式；也可以带着职场压力翻开第八章，用理性之剑斩断情绪的荆棘；甚至可以先阅读第十章"阳明心学与模型疗法"，在"事上磨炼"中领悟知行合一的真谛。

不必追求完美，也无须比较进度。就像我常对学生说的："重要的不是你此刻站在哪级台阶，而是你心中有目标且愿意抬脚向上。"

最后，请允许我以王阳明先生的话与君共勉："人胸中各有个圣人，只自信不及，都自遮蔽了。"本书若能帮你拂去心上的尘埃，让你内在的"幸福圣人"渐渐显露，便是它最大的功德。

愿我们都能在修习幸福力的路上，遇见更丰盛的自己。

许宗诺

云南，大理

2025 年春

前　言

真实的幸福源于发现自己的优势和美德，源于提升自己的精神层次。

——马丁·塞利格曼，积极心理学奠基人

人生的意义在于追求幸福，而幸福的实现需要我们不断前行。人类与生俱来就有好奇与探索的积极天性。但是，现实的挑战与压力有时可能会让人偏移幸福的方向，导致人们出现抑郁、焦虑等心理困扰。

本书基于积极心理学理论，以培养幸福力，向着幸福前行为主线，通过唤醒人们向善的良知、向尚的理想、向上的力量等积极天性，激发人的自驱力与内在动机，化作积极心力，改变思维模式，重构心智模型，向着幸福前行。

本书旨在帮助人们掌握唤醒积极天性的"三自技

术"、学会自得其乐的"心流技术"、走出情绪困扰的"理性情绪行为疗法"、运用问题解决技术的"可拓学",以及"阳明心学"与"模型疗法"等积极心理学技术。人们通过觉知自我、认知自我和疗愈自我,形成幸福力,在生活、学习和工作中享受最优体验,感受幸福,走向幸福。

关于本书

人都渴望追求幸福,但是,并不是每个人都具备创造幸福、感受幸福与体验幸福的能力,这种能力就是幸福力。人的需求有生理需求、心理需求及社会需求。追求幸福是人与生俱来的需求,也是人需要具备的基本能力。但是,幸福力因人而异,其根源在于积极心力的差异。如何培养与训练幸福力是本书的重点内容之一。

根据个人的阅读习惯,你既可以从第五章练习觉知力开始,也可以从第一章定义幸福开始。本书主要从以下9个方面阐述培养与训练幸福力的技能:

（1）积极天性与积极心力（第二章）;

（2）内在动机与核心动机（第三章）;

（3）运用"三自技术"激活积极心力（第四章）;

（4）觉知力与心智模型（第五章）；

（5）皆有可能与思维模式（第六章）；

（6）自得其乐与心流技术（第七章）；

（7）走出困扰与理性情绪行为疗法（第八章）；

（8）可拓学与问题解决技术（第九章）；

（9）阳明心学与模型疗法（第十章）。

唤醒积极天性，将其化作积极心力，学会并应用技术工具，让每个人都能培养幸福力，这是本书的主旨。

本书的主要创新点如下：

（1）本书突破传统心理学图书太专业、落地难的困境；

（2）本书内容不仅涉及心理咨询或治疗的专业心理学理论，还包含技术工具，侧重在各种情境中的应用；

（3）本书旨在传播人人都能掌握的积极心理学技术与工具；

（4）本书突破传统心理学图书或课程的讲授模型，采用线上与线下相结合的模式，通过读者自学、线上陪练、读者共学、线下培训等多种形式，让读者能够灵活运用，自助、助人，从而帮助读者走出困扰，走向幸福。

目 录

积极心力

第四章　运用"三自技术"激活积极心力

第五章　觉知力与心智模型

积极心力

第六章　皆有可能与思维模式

积极心力

目 录

第一章

幸福力

幸福来自自我实现，来自
实现自己的潜能。

——亚伯拉罕·马斯洛
人本主义心理学创始人

从古至今，人们都在追问：我为什么活着？人类可能为了繁衍生息而活着，也可能为了共同发展而活着。

古今中外的哲学家都曾探索这个问题。我认为，归根结底，人为了追求幸福而活着。

有关幸福的定义众说纷纭，我更认可王海明教授下的定义："幸福是实现人生理想的心理体验，是对一生具有重要意义的需求、欲望、目的等得以实现的心理体验，是获得对一生具有重要意义的利益的心理体验。"

你的人生理想是什么？你的需求、欲望、目的是什么？这些都需要你来定义。有了定义，就有了明确的内涵和外延，就能形成判断与推理，进而形成自洽的逻辑体系。

人，一撇是个体性，一捺是社会性。一方面，从个体性来看，我认为幸福就是去做自己热爱的事，实现自身价值；另一方面，从社会性来看，幸福就是拥有和谐的亲密关系、亲子关系、家庭关系，帮扶有需要的身边人，创造社会价值。

本书的主要目标就是让人们都具备追求幸福与感受幸福的基本能力。

发掘幸福力

人具有积极天性——追求幸福，向着幸福前行。总体而言，追求幸福、感受幸福与体验幸福的能力就是幸福力。要想提升幸福力，就要从培养与训练积极心力开始。

第一步，给幸福下定义。例如，幸福就是……

第二步，对照你下的定义，你觉得自己幸福吗？如果你的幸福感的满分是 10 分，那么你现在给自己打几分？

第三步，要认识到，幸福不仅是一种结果，还是一个过程。向着幸福前行，实质上就是向着你定义的"幸福"前行。前行的过程就是体验幸福的过程，你要试着培养与训练提升幸福力的技能。

那么，如何下定义呢？首先要明确概念，然后用概念去下定义。不管是幸福，还是其他目标，只有下定义后，才有明确的内涵和外延。正是有了内涵和外延这个界定，我们才能进行有效的判断和推理。

例如，你渴望"过有品质的生活"，首先你要学会定义"有品质的生活"，其次比照"有品质的生活"的定义，最后向"有品质的生活"这一目标前行。

如何定义幸福

定义的概念与结构

定义是一种逻辑方法，它通过一个概念来明确另一个概念的内涵。例如，我们可以将"证据"定义为"能够证明案件真实情况的事实"，或者将"人"定义为"能制造和使用生产工具的动物"。定义具有特定的结构，由被定义项、下定义项和定义联项3部分组成。

被定义项是其内涵待明确的词或词组；下定义项是用来确定被定义项内涵的概念，通常以词组或语句的形式表达；定义联项揭示下定义项和被定义项之间的逻辑联系，常见的表达形式包括"是""就是""是指"等。例如，在"证据是能够证明案件真实情况的事实"这一定义中，"证据"是被定义项；"能够证明案件真实情况的事实"是下定义项；"是"则为定义联项。

定义的规则

（1）**外延相等**。定义项和被定义项的外延必须相等，即定义项和被定义项应为全同关系，避免定义过宽或过窄的错误。

（2）**不包含被定义项**。定义项不得直接或间接包含被定义项，以避免同语反复或循环定义的逻辑错误。

（3）**不使用隐喻**。定义不使用隐喻，如"教师是人类灵魂的工程师"仅可作为形容，而非定义。

（4）**不是否定的**。定义的目的是明确一个事物是什么，而非它不是什么，所以定义不是否定的。

案例分析

案例 1

尝试给"幸福生活"下定义

　　根据定义的构成要素和规则，我们可以尝试给"幸福生活"下定义：幸福生活是指个体在物质需求得到满足、精神生活充实、社会关系和谐及个人潜能得到发展的状态下，在生活中所体验到的持续的幸福感和满足感。

　　这个定义的构成要考虑如下。

　　（1）被定义项是"幸福生活"。

　　（2）下定义项是"个体在物质需求得到满足、精神生活充实、社会关系和谐及个人潜能得到发展的状态下，在生活中所体验到的持续的幸福感和满足感"。

　　（3）定义联项为"是指"。

　　这个定义遵循了以下规则。

　　（1）外延相等。确保了定义项和被定义项的外延相等，即定义全面覆盖了"幸福生活"的相关方面。

　　（2）不包含被定义项。定义项没有直接或间接包含"幸福生活"这一短语，避免了同语反复。

（3）不使用隐喻。定义中没有使用隐喻，而是直接描述了"幸福生活"的具体条件和体验。

（4）不是否定的。定义明确指出了幸福生活是什么，而非它不是什么。

通过这个定义，我们能够更清晰地理解"幸福生活"的内涵，它不仅包括物质层面的满足，还包括精神生活、社会关系和个人发展等多个维度。

案例 2

尝试给"找一个中意的男朋友"下定义

根据定义的构成要素和规则，我们可以尝试给"找一个中意的男朋友"下定义：找一个中意的男朋友是指对方在情感、价值观、生活目标和个人品质等方面与自己相匹配，双方能够相互尊重与支持，并且实现共同成长，从而带来满足感和幸福感的伴侣选择过程。

这个定义的构成要素如下。

（1）被定义项是"找一个中意的男朋友"。

（2）下定义项是"对方在情感、价值观、生活目标和个人品质等方面与自己相匹配，双方能够相互尊重与支持，并且实现共同成长，从而带来满足感和幸福感的伴侣选择过程"。

（3）定义联项为"是指"。

这个定义遵循了以下规则。

（1）**外延相等**。确保了定义项和被定义项的外延相等，即定义全面覆盖了"找一个中意的男朋友"的相关方面。

（2）**不包含被定义项**。定义项没有直接或间接包含"找一个中意的男朋友"这一短语，避免了同语反复。

（3）**不使用隐喻**。定义中没有使用隐喻，而是直接描述了"找一个中意的男朋友"的具体条件和过程。

（4）**不是否定的**。定义明确指出了"找一个中意的男朋友"是什么，而非它不是什么。

通过这个定义，我们能够更清晰地理解"找一个中意的男朋友"的内涵，它不仅涉及个人的情感选择，还包括了双方的关系和对未来的共同期望。

以上两个示例解释了下定义的方法。下面我们将下定义的方法直接应用到实际工作与生活中。

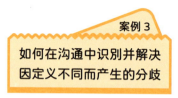

案例 3

如何在沟通中识别并解决因定义不同而产生的分歧

在沟通中识别并解决因定义不同而产生的分歧，可以遵循以下步骤。

（1）识别分歧

- 观察反应：注意对方的非语言信号，如困惑的表情、身体语言，这些可能是双方理解不一致的迹象。

- 倾听和观察：仔细倾听对方的话语，注意是否有误解或混淆的迹象。

- 提问：通过提问来澄清对方的观点，例如，你提到的"效率"具体是指什么？

- 反馈和确认：用自己的话重述对方的观点，以确认自己是否正确理解了对方的意思。

- 寻找不一致之处：在对话中寻找逻辑上的不一致或矛盾之处，因为这可能是由于定义不同所致。

（2）解决分歧

- 明确关键术语（词）：确定对话中的关键术语（词）的概念，并明确询问对方对这些关键术语（词）的定义。

- 共享定义：分享你对关键术语（词）的定义，并邀请对方再次分享他的定义。

- 比较和对比：比较双方的定义，找出共同点和差异。

- 寻找共同点：强调定义中的共同点，作为进一步沟通的基础。

- 协商和妥协：如果存在定义上的差异，尝试协商一个双方都能接受的定义。

- 提供例子：使用具体的例子来说明你的定义，以便对方能更好地理解。

- 使用逻辑和证据：用逻辑推理和证据来支持你的定义，并邀请对方也这样做。

- 保持开放和尊重：对不同的定义保持开放的态度，尊重对方的观点。

- 重新定义：如有必要，重新定义你的术语，以促进更好的沟通和理解。

- 记录和总结：在沟通过程中记录关键点和定

义，对话结束时总结双方的共识和分歧。

- 制订行动计划：如果定义上的分歧影响了决策或行动，制订一个行动计划来解决这些分歧。

通过以上步骤，你可以在沟通中有效地识别并解决因定义不同而产生的分歧，从而促进更清晰、更有效地沟通。

案例 4

夫妻亲密关系中，如何准确沟通

妻子过生日，丈夫给她买了包。妻子收到包后却生气地说："只知道买包，太俗气了，一点都不浪漫。"后来，妻子过生日，丈夫就给她买了鲜花，还预订了机票准备一起去旅行。妻子却又生气地说："净买些没用的，去旅行就浪漫吗？"根据这对夫妻的语言和行为，如何运用下定义的技巧，来给他们做一个心理咨询方案呢？

作为心理咨询师，面对这对夫妻的情况，可以运用下定义的技巧来帮助他们明确和解决沟通中的分歧。以下是详细的访谈步骤。

步骤 1：建立沟通环境

目标：建立一个安全、包容的环境，让双方都能够开放地表达自己的感受和期望。

行动：确保访谈在一个私密且不会被打扰的地方进行，以便双方都感到舒适。

步骤 2：识别和澄清关键术语

目标：明确双方对"浪漫"的定义和期望。

行动：

- 询问妻子："对你来说，什么行为或礼物会让你感到浪漫？"
- 询问丈夫："你如何理解'浪漫'，以及为什么你认为送包和鲜花以及旅行是浪漫的举动？"

步骤 3：分享和比较定义

目标：让双方了解彼此对"浪漫"的具体理解。

行动：

- 请妻子分享她对浪漫的定义，并提供具体的例子；
- 请丈夫分享他对浪漫的理解，并解释他的行为背后的意图。

步骤 4：探讨期望和需求

目标：深入了解双方在生日庆祝中的真实需求和期望。

行动：

- 询问妻子："你期望在生日时收到什么样的礼物或获得怎样的体验？"
- 询问丈夫："你希望通过送礼物和安排活动达到什么样的效果？"

步骤 5：识别沟通中的误解

目标：找出双方在沟通中的误解和定义上的差异。

行动：

- 指出妻子对"太俗气了"这一表达可能隐含的定义和感受；
- 探讨丈夫对妻子反应的理解和解释。

步骤 6：协商和重新定义

目标：帮助双方协商一个新的、共同认可的"浪漫"定义。

行动：

- 鼓励双方基于对方的分享重新定义"浪漫"；
- 讨论如何将这个新定义应用到实际行动中。

步骤 7：制订行动计划

目标：制订一个具体的行动计划，包括礼物的选择和庆祝活动的安排。

行动：

- 请双方提出具体的建议，使下一个生日更加特别；
- 制订一个双方都满意的生日礼物或庆祝方式的计划。

步骤 8：总结和反馈

目标：确保双方都清楚地理解了对方的期望，并同意行动计划。

行动：

- 总结访谈中的关键点和双方的共识；
- 询问双方是否对行动计划感到满意，并提供进一步的反馈。

步骤 9：后续跟进

目标：确保行动计划的顺利实施和沟通的持续改进。

行动：

- 安排后续的访谈，以检查行动计划的进展和效果；

- 提供进一步的沟通技巧训练，以改善双方的
  日常交流方式。

这样的访谈步骤可以帮助这对夫妻明确彼此对"浪漫"的定义，解决沟通中的分歧，并制订一个双方都满意的庆祝计划。

根据这个咨询方案，心理咨询师为这对夫妻提供了 3 次心理咨询，帮助他们解决了夫妻矛盾。

第一次心理咨询

心理咨询师：欢迎你们来到今天的咨询会谈。首先感谢你们愿意来到这里，一起探讨和解决你们在生日庆祝方式上的分歧。在开始之前，我想确认一下，我的目标是帮助你们更好地理解彼此的期望，并找到一种双方都满意的庆祝方式，对吗？

丈夫：是的，我希望能做些让她开心的事情，但似乎我总是做不对。

妻子：我也希望我们能度过一个美好的纪念日，但我觉得他总是不理解我想要什么。

心理咨询师：我理解你们的感受。让我们先从沟通开始。沟通是关系中非常重要的一部分，尤其是在理解彼此的需求和期望时。我想先问一下，你们在

讨论生日庆祝时，通常是如何表达自己的期望和感受的？

妻子：我通常就直接告诉他我想要什么，但我觉得他没有认真听。

丈夫：我确实在听，但可能我不太擅长理解她的意思，或者我不知道如何去做。

心理咨询师：这是很正常的，因为有时候我们虽然认真听了对方的表达，但实际上可能并没有真正理解对方的意思。让我们来做一个练习，帮助你们更好地倾听与反馈。

练习：倾听与反馈

心理咨询师：妻子，你先来，告诉丈夫你期望的生日庆祝是什么样的，尽量具体一些。丈夫，请你认真听，不要打断她。（轮流表达）

丈夫，等妻子说完后，请你用自己的话尝试重复她的话，确保你理解了她的意思。（反馈）

当妻子觉得丈夫的理解有偏差时，她可以澄清。（澄清）这个过程可以帮助你们确保信息的准确传递。

（夫妻进行练习，具体内容略）

心理咨询师：很棒，这个练习的目的是让你们学会如何更有效地倾听和理解对方。现在，让我们来谈谈期望。每个人对"浪漫"和"实用性"都有不同的理解，这很正常。你们能否分享一下，对你们来说，这两个词意味着什么？

（夫妻双方分别表达他们对"浪漫"和"实用性"的理解，具体内容略）

心理咨询师：谢谢你们的分享。看来你们对这两个词有不同的看法。这正是我们需要解决的问题。我们的目标是找到一个既能满足"实用性"又能包含"浪漫"元素的庆祝方式。

心理咨询师：在下次咨询前，我建议你们各自列出一些自己觉得既实用又浪漫的生日庆祝想法，我们下次会讨论这些想法。（家庭作业，让咨询中的思考延续到生活中）

今天的咨询就到这里，感谢你们的参与和坦诚。请记住，改善沟通和理解是一个逐步的过程，需要时间和耐心。（结束语）

下次咨询时，双方将继续深入探讨各自的具体想法，并找到共同点。

第二次心理咨询

心理咨询师：欢迎你们回来。很高兴看到你们愿意继续咨询过程。在上次咨询中，我们讨论了沟通的重要性，并做了一个倾听和反馈的练习。今天，我们进一步探讨你们对"浪漫"和"实用性"的理解，并看看你们是否准备了一些生日庆祝的想法。

丈夫：我确实准备了一些想法，但我不知道她会不会喜欢。

妻子：我也是，我列了一些，但不确定他会不会觉得实用。

心理咨询师：非常好，准备想法是解决问题的第一步。让我们一起来看看这些想法，并讨论它们是否能够满足双方的期望。

（夫妻双方分别展示他们准备的生日庆祝想法，具体内容略）

心理咨询师：让我们逐个讨论这些想法。首先，丈夫的第一个想法是什么？

丈夫：我想我们可以去一家她喜欢的餐厅吃晚餐，然后去看一场电影。

心理咨询师：妻子怎么看这个想法？你觉得这符合你对生日庆祝的期望吗？

妻子：嗯，这听起来不错，但我还是希望有些特别的东西，不仅仅是吃饭和看电影。

心理咨询师：我理解你的感受。那么，让我们看看你的列表，你的第一项是什么？

妻子：我想我们可以在家里举办一个小型的派对，邀请一些亲密的朋友。

心理咨询师：丈夫觉得这个想法如何？你觉得这是否实用，或者是否符合你对生日庆祝的想法？

丈夫：我觉得这很好，但我担心准备派对会给她带来更多的压力。

心理咨询师：这是一个重要的考虑因素。我们希望确保生日庆祝活动不会给你们带来额外的压力。让我们继续讨论其他想法，看看是否有更适合的选项。

（继续讨论夫妻双方的其他想法，具体内容略）

心理咨询师：在讨论了这些想法后，我注意到你们都在寻求一种既特别又不会给对方带来压力的庆祝方式。这表明你们都在努力满足对方的期望。现在，我想给你们布置一项任务，帮助你们更好地理解彼此的需求。

心理咨询师：在接下来的一周里，建议你们每天花一些时间观察和思考对方在日常生活中喜欢什么及需要什么。这可以帮助你们更深入地了解对方的喜好和需求，从而为下一次咨询准备更具体的生日庆祝方

案。(家庭作业,调整夫妻双方对彼此的关注)

在今天的咨询中,你们都表现出了愿意理解和满足对方期望的意愿。请记住,找到双方都满意的解决方案需要时间和努力。(结束语)

下次咨询时,双方将继续探讨他们的观察结果,并制定一个双方都满意的生日庆祝方案。

第三次心理咨询

心理咨询师:欢迎你们再次来到咨询室。今天我们将回顾你们过去一周的观察和思考,以及你们为对方准备的生日庆祝方案。我想先听听你们在过去一周里对彼此的观察和发现。

丈夫:我发现她真的很喜欢花,而且她喜欢在周末的时候去公园散步。

妻子:我注意到他最近压力很大,他需要一些放松的时间,也许我们可以一起做一些放松的活动。

心理咨询师:这些观察非常宝贵。它们可以帮助你们更好地理解对方的需求和喜好。现在,让我们根据这些观察来制定一个生日庆祝方案。

妻子:我想我们可以在公园里安排一次野餐,带上他喜欢的书和一些小吃。

心理咨询师：这听起来是个既浪漫又实用的想法。丈夫觉得这个方案如何？

丈夫：我觉得很好，我确实需要一些放松的时间。我们可以在野餐后去花店，为她挑选一束花。

心理咨询师：这听起来是一个结合了你们双方喜好的方案。它既考虑了实用性，也包含了浪漫元素。接下来，我想给你们一些建议，以确保生日庆祝活动的顺利进行。

（1）提前计划：确保双方提前计划好野餐的细节，包括食物、饮料和野餐用品。

（2）沟通确认：在生日庆祝活动前，再次确认彼此的期望和计划，确保双方都满意。

（3）灵活性：如果计划中有意外发生，保持开放和灵活的态度，一起找到解决方案。

（4）感恩和欣赏：在生日庆祝活动中，不要忘记表达对彼此的感激和欣赏。

心理咨询师：在生日庆祝活动结束后，建议你们各自写一封信，表达对对方的感激之情和这次生日庆祝活动的感想。（家庭作业，巩固咨询成果）

很高兴看到你们在理解和满足对方期望方面取得了进步。记住，有效的沟通和相互理解是关系中最重要的部分。希望你们能够将这些技能应用到日常生活中，不仅仅是在特殊的日子里。祝你们的生日庆祝愉快，期待听到你们的好消息。（结束语）

通过这次咨询，夫妻双方能够更好地理解彼此的需求和期望，并能够制定出一个双方都满意的生日庆祝方案。

本章小结

人的需求包括生理需求、心理需求和社会需求。幸福力是人需要具备的基本能力，因此人生就是激活自己的积极心力，培养幸福力的旅程。

在这段旅程中，幸福的定义是什么？或许，幸福就是与喜欢的人做热爱的事，看看沿途的风景。

幸福是成为你自己的过程。

——卡尔·罗杰斯
人本主义心理学代表人物

第二章

积极天性与积极心力

幸福是一种福流，是一种有意义的快乐。幸福需要我们去创造，去顺应积极天性。积极天性是人类独一无二的优势。

——彭凯平

中国积极心理学代表人物

人生充满不确定性。如果将人生比作一盘棋局，那么我们在其中扮演什么角色？又该如何走好每一步棋？

积极天性的 3 大支柱

正是积极天性让我们对丰富多彩的世界充满兴趣，满怀好奇心，渴望去探索。通过积极的行动，我们在好奇、探索与实践的过程中体验到"真相"被揭晓的幸福，从而形成自洽。自洽的本质，就是在自以为"是"的定义、具象化与结果之间达成动态平衡。

这就是人类积极天性的来源。每个人与生俱来都有向善的良知、向尚的理想和向上的力量，它们构成积极天性的 3 大支柱。

积极心力的 9 个要素

积极心力是指个体在日常生活、学习或工作中，尤其是在面对挑战和逆境时，能够展现出稳定的积极心理状态和行为倾向。它是积极天性的外化形式。

积极心力包括希望、乐观、同理心、爱、信任、责任、自尊、自我效能感、韧性这 9 个要素（见图 2-1）。它不仅体现在情绪上的积极，还体现在认知和行为上的积极，是个体适应环境、克服困难、实现目标的重要心理资源。

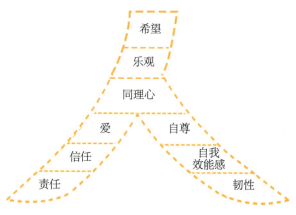

图 2-1 积极心力的 9 个要素

希望

希望是积极心力的核心要素之一，是一种复杂的心理和情感状态，涉及对未来积极结果的预期和追求。希望不仅是一种乐观的态度，更是一个包含目标、路径和动力的动态过程。

希望包括以下 3 个要素。

（1）目标。个体对未来有明确的目标和愿望。

（2）路径。个体相信自己能够找到实现目标的途径，即使面对阻碍也能探索新方法。

（3）动力。个体有动力去追求目标，并在遇到困难时不断坚持。

保持希望有以下 5 个好处。

（1）激励行动。保持希望是行动的催化剂，激励个体朝着目标前进。

（2）增强韧性。个体保持希望能增强心理韧性，在逆境中恢复和成长。

（3）调节情绪。个体保持希望有助于维持积极情绪，减少抑郁和焦虑。

（4）促进健康。保持希望与更好的身体健康和更长的寿命相关联。

（5）社会支持。保持希望促使个体寻求和维持社会支持，获得帮助。

培养希望是一个持续的过程，可以通过以下7种方法实现。

（1）设定目标。个体能设定清晰、可实现的目标，而且这些目标应该是具体、可衡量、可达成、相关性强和具有时限性的（SMART目标）。

（2）建立路径思维。个体能识别资源、技能和策略，找到实现目标的途径。

（3）激发动力。个体能通过自我激励和外部激励（如奖励、赞扬、认可等）增强动力。

（4）积极经验。即使是小的成功也能增强希望。

（5）寻求社会支持。拥有社会支持的个体能建立和维护积极的社会关系，从家人、朋友和同事那里获得支持和鼓励。

（6）培养积极心态。拥有积极心态的个体能从挑战中看到学习和成长的机会。

（7）自我反思。个体可以通过记日记、冥想或其他形式探索自己的感受、目标和愿望。

希望是一种可以通过实践和培养而增强的心理资本。通过培养希望，个体可以提高幸福感和满意度，增强面对逆境的能力。

乐观

乐观是积极心力的重要构成要素，它涉及个体对未来事件的积极预期和对挑战的积极态度。乐观不仅是一种情绪状态，更是一种认知倾向，影响个体如何解释和应对生活中的事件。乐观的个体通常能够更好地应对压力，拥有较低的焦虑和抑郁水平，同时表现出更高的自尊水平和更强的幸福感。

保持乐观的好处有以下 3 个。

（1）健康习惯。乐观的人更倾向于养成健康的生活习惯，如规律锻炼和均衡饮食，从而改善心血管健康和增强免疫力。

（2）积极应对。在面对挑战时，乐观的个体更可能采取积极的应对策略，将挑战视为成长的机会。

（3）情绪调节。乐观有助于维持积极情绪，减少抑郁和焦虑，提升生活满意度。

乐观可以通过以下 5 种方式来培养。

（1）积极思考。积极思考指意识到消极思维，并尝试将其转化为积极思维。例如，当面临挑战时，试着看到机会和成长的可能性，而非沉湎于问题本身。

（2）设定目标。明确的目标能够激发动力，保持对未来的期待。同时，保持对未来的期待可以帮助我们看到困境中的转机。

（3）常怀感恩之心。每天记录令人心生感激的事物，培养感恩之心，有助于形成乐观情绪。

（4）自我意识和自我关怀。了解自己的情绪和需求，给予自己爱护和关注，有助于提高自尊、获得满足感。

（5）与积极者同行。与乐观的人保持联系，有助于汲取正能量。

乐观是一种可以通过实践和培养而增强的心态。通过以上方式，我们可以在生活中体验到更多的积极情绪和满足感。

同理心

同理心是一个多维度的心理概念，涉及理解和感受他人情绪、行为的能力。它是指能够设身处地地体验他人的处境，感受他人情绪和想法的个体差异，以及对他人所经历的事物感同身受的能力。同理心不仅是一种情感共鸣，更是一种深层次的认知和情感能力，使我们能够理解他人的观点和感受。在积极心力中，同理心是连接个体与外界的重要桥梁，有助于建立积极的人际关系和促进团队合作。

同理心可以分为情感共情和认知共情。

（1）情感共情。情感共情指对他人情绪的感同身受，感知他人需求时的情绪反应能力。

（2）认知共情。认知共情指运用理性理解他人情绪的能力和个体站在他人角度处理问题的能力。

这两种类型的同理心共同作用，使我们能够在不同情境下更好地理解和回应他人。

同理心强的人通常重视他人的需求，是出色的倾听者。他们能够体会到他人身体上和心理上的不适，并且能够对他人的感受做出适当的回应。同理心被认为是个体之间互相联结的通道，能够促进利他主义行为。

同理心可以通过后天的学习和练习来增强，具体体现在以下 7 个方面。

（1）培养好奇心。对周围的人和事保持好奇有助于更好地理解他人的感受和需求。

（2）拓宽社交圈。与不同背景、文化的人交往有助于开拓视野。

（3）提高阅读量。阅读可以帮助人们了解不同的生活经验和情感表达，增强同理心。

（4）了解不同文化。了解不同文化有助于与不同文化背景下的人更好地沟通。

（5）**倾听他人**。倾听是增强同理心的关键。倾听他人时不仅要听对方说什么，还要理解对方的感受和需求。

（6）**自我反思**。了解自己的内心感受和需求是增强同理心的基础。

（7）**日常实践**。在日常生活中尝试从他人的角度出发思考问题，有助于更好地理解他人。

同理心在众多领域都有广泛的应用。例如，在产品设计中，同理心可以帮助设计师深入理解用户的需求和体验，从而创造出更符合用户需求的产品；在团队管理中，同理心能够帮助领导者理解团队成员的感受和需求，促进团队合作和协调。

爱

爱是一个复杂而多维的概念，在人类经验中占据核心地位，是积极心力的重要构成要素。它不仅是一种情感，更是一种深刻的情感联结，涉及对他人的深切关怀、温暖、亲近和欣赏。爱不仅是一种感觉，还包括一系列行为和态度，如关心、尊重、责任和理解等。爱是一种积极的活动，具有等价性、传递性和不可逆性，需要个体的参与和持续努力。

爱包括以下 5 种形式。

（1）亲情。亲情是基于血缘或法定关系的家庭之爱，如父母对子女的爱、兄弟姐妹之间的爱、对继子女的爱等。

（2）友情。友情是基于共同兴趣、价值观和相互尊重的非浪漫关系。

（3）爱情。爱情是一种强烈的情感和身体吸引，通常涉及对伴侣的深刻情感依恋。

（4）自爱。自爱是对自己的关怀和尊重，包括自我接纳和自我关怀。

（5）更高力量的爱。更高力量的爱是在精神层面上对超越个体存在的爱。

爱对个体和社会都至关重要，主要体现在以下 4 个方面。

（1）心理健康。爱能够提供情感支持，增强个体的幸福感和生活满意度。

（2）社会联系。爱促进社会联系和群体凝聚力，是社会结构和文化的基础。

（3）个人成长。爱鼓励个体发展潜能，实现自我价值。

（4）道德和伦理。爱是许多道德和伦理体系的核心，指导人们的行为和决策。

爱是一门艺术，需要通过以下8种方式学习和实践。

（1）倾听和理解。倾听他人的需求和感受，努力理解他们的视角和经历。

（2）表达和沟通。开放地表达自己的感受和需求，同时有效沟通以解决冲突。

（3）支持和鼓励。在他人追求目标和面对挑战时给予支持和鼓励。

（4）尊重和接纳。尊重他人的个性和选择，接纳他们的优点和缺点。

（5）共同成长。在关系中寻求共同成长和发展，鼓励彼此的个人成长。

（6）宽容和宽恕。对他人的错误和失败持宽容态度，并愿意宽恕。

（7）维护和承诺。在关系中保持承诺，努力维护和加强这种联系。

（8）自爱。培养对自己的爱，这是健康地爱他人的基础。

爱是一种动态的力量，需要个体付出持续的努力才能不断地成长。通过实践上述行为，个体可以培养和维持爱的能力，从而在个体和社会层面上促进和谐与幸福。

信任

在心理学领域，信任被定义为一种稳固的信念，维系着社会的共同价值和稳定性。它反映了个体对他人言语、承诺和声明的可信度的整体期待。信任是一种心理状态，涵盖了个体对他人意图和行为的积极预期，即使这种预期可能伴随着潜在的伤害风险，个体也愿意坚持这种信任。

信任主要分为两大类：人际信任和社会责任信任。人际信任涉及个体与个体之间的信任；社会责任信任则扩展至对更广泛社会体系的信任，如对政府机构的信任、对银行等机构的信任等。

信任的核心特征包括以下 3 个。

（1）预测性。信任建立在对他人行为预测的基础上，个体相信他人将按照预期行动。

（2）依赖性。信任包含一定程度的依赖，个体依赖他人以实现自身利益。

（3）易受伤害性。信任他人意味着个体必须面对可能因对方行为而受到的伤害。

信任的心理机制涉及以下 3 个理论。

（1）预测理论。该理论关注个体如何依据过往经验和当前信息来预测他人的行为。

（2）意图理论。该理论探讨个体如何解读他人的意图。

（3）能力理论。该理论涉及对他人能力的信任，即相信他人具备履行承诺的能力。

信任的形成受到多种因素的影响，包括个人的价值观、态度、情绪及个人魅力等。信任的体验是这些因素相互作用的结果，是一系列心理活动的集合。信任的构建是一个动态的过程，包括从第一印象的形成，到熟悉阶段的印象深化，再到相互保证的信任建立，最终达到关系适应阶段的信任发展。在这一过程中，个体会根据对方的行为和态度等证据来验证其可信度，并逐步巩固信任的基础。

责任

从心理学的视角来看，责任是一个多维度的概念，涵盖了个体的行为、认知、情感和社会互动等多个方面。责任体现为个体在行为和决策过程中对自己和他人所持有的负责任的态度。这种态度不仅限于对他人、家庭和社会履行义务，更核心的是对自己的责任，即真诚地实现自我。

责任的心理构成可以从以下 3 个维度进行详细阐述。

（1）责任认知。个体对责任的认知建立在对社会规范和期望的理解基础之上，包括对行为可能产生的后果进行预期和评估。

（2）责任情感。责任行为伴随着一系列情感体验，如内疚、羞愧或自豪等，这些情感揭示了个体内在的道德标准和价值判断。

（3）责任行为。个体的责任认知和情感最终转化为具体的行为表现，通过实际行动履行其感知到的责任。

责任的形成和发展受以下 3 个因素的影响。

（1）遗传因素和个体特质。责任感与遗传因素存在一定的关联，特定的基因可能影响个体对责任的敏感性。

（2）家庭环境。家庭是个体形成责任的第一个社会化场所。父母的教养方式和对责任的重视程度在孩子责任形成过程中扮演着至关重要的角色。

（3）社会文化。不同社会文化背景下的个体对责任的理解和期望有所不同，这些文化差异对个体形成和发展责任具有深远影响。

责任不仅是人格发展的核心特质，也是积极心力的重要构成要素。它能够衍生出许多对社会和个体发展至关重要的品质，如勇于承担责任、自律和守信等。责任感是心理健康的一个标志，与个体的自我实现和成就感具有密切的联系。

责任还是社会秩序与和谐的基石。个体和组织对责任的承担有助于维护社会规范，推动社会稳定和进步。责任意识反映了个体对自我形象的关注，显示了个体在自我监控能力上的强度，即个体愿意根据具体情境评价和调整自己的行为，以确保其行为与社会规范保持一致。这种自我调节的能力是个体适应社会、实现个人目标的关键。

自尊

自尊是一种坚信自己有能力应对生活中的基本挑战，并且值得拥有幸福的性格倾向。它是积极心力的基座，主要由以下两个相互关联的部分组成。

（1）自我效能感。它是指面对压力、困境等挑战时，能够保持基本的自信。

（2）自我尊重。它是指相信自己是一个有价值的人，值得拥有幸福。

任何与生命有关的价值都需要通过行动来实现、维系或享有。安·兰德曾定义，人生是一个生成自我和维系自我的行动过程。人体器官和系统通过持续的运动来维系生命的存在，而人们则通过行动来追求和维护个人价值观。

正如纳撒尼尔·布兰登在《自尊的六大支柱》中所说，自尊无法被直接研究，因为它是一种内部发生的实践产物，是一种结果。但我们可以通过实践来提高自尊水平。自尊主要包括以下六大支柱。

（1）有意识地生活。有意识地生活意味着觉知与认知一切与个体行为、意志、价值和目标相关的人、事、物，并尽最大能力按照自己的认知去行动。

（2）自我接纳。自尊是我们所体验到的，而自我接纳是我们所做的。要做到自我接纳，需要真实地面对自己，对自己怀有同情心，去体验、觉知和认知。

（3）自我负责。自我负责是自尊的体现，意味着对自己的幸福负责。无论在生活中，还是在工作中，我们都要对自己的意识、选择、行动等负责。

（4）自我肯定。自我肯定意味着尊重自己的需求、愿望和价值观，并在现实中找到适当的表达方式。

（5）有目的地生活。有目的地生活是指发挥自身力量去实现自我选择的目标，强调将目标转化为实际成果。

（6）个人诚信。诚信是理想、信念、标准和行为的统一。当行为与价值观一致时，"心口一致"与"知行合一"就是诚信的体现。

扫码测评你的自尊水平。

自我效能感

自我效能感是由美国心理学家阿尔伯特·班杜拉在 20 世纪 70 年代提出的概念，是社会认知理论的核心组成部分。它是指个体对自己是否有能力完成某一行为的主观推测与判断。具体来说，自我效能感涵盖以下 4 个方面。

（1）自信心。自信心指相信自己能够有效完成特定任务的能力。

（2）情感态度。情感态度指对任务的情感体验，包括兴趣、喜好和兴奋等。

（3）勇于挑战。高自我效能感的个体更愿意接受挑战，面对困难时保持积极心态。

（4）成就动机。成就动机指激发个体追求目标的内在动力，增强其面对挑战时的信心。

自我效能感的形成受多种因素的影响，主要包括个人因素、社会因素和情境因素。具体来说，这些影响因素包括以下 6 种。

（1）成败经历。成功的经验会强化自我效能感，而反复失败则可能削弱它。

（2）问题解决能力。问题解决能力指主动发现问题、分析问题并解决问题，个体能够从自身努力中提升自我效能感。

（3）心理暗示。心理暗示指通过想象成功场景，模仿偶像的成功路径，个体可以在潜意识中增强自我效能感。

（4）自我关怀。自我关怀指在陌生情境或情绪低落时，通过自我安抚和自我共情来缓解压力，个体可以提升自我效能感。

（5）积极心态。积极心态以乐观的态度评估自己的能力，个体能够增强对成功的预期。

（6）学习与实践。学习与实践指通过有意识的学习相关知识和技能，个体可以显著提升自我效能感。

自我效能感对个体的影响深远，不仅决定个体是否愿意接受某项任务，还直接影响其完成任务时的表现。高自我效能感的个体对自己完成任务的能力充满信心，面对困境时能够坚持不懈，最终实现目标。

韧性

韧性是一个多维度的概念，在学术界有多种定义方式，主要包括结果性定义、过程性定义和品质性定义。

（1）结果性定义。韧性是指个体在面对严重威胁时仍能保持良好的适应能力与发展状态。

（2）过程性定义。韧性被视为一种动态的发展过程，涉及多种能力和特征的交互作用，使个体在遭遇重大压力和危险时能够迅速恢复并成功应对。

（3）品质性定义。韧性被看作个体的一种能力或品质，使其能够承受高水平的破坏性变化，同时表现出尽可能少的不良行为。

韧性在个体的生活和发展中扮演着重要的角色，主要体现在以下 5 个方面。

（1）应对压力。韧性帮助个体更好地应对生活中的压力和逆境，降低焦虑和抑郁的风险。

（2）增强自尊心。通过克服困难和挑战，个体的自尊心和自信心得以提升。

（3）改善人际关系。具备韧性的人更容易建立积极的人际关系，因为他们能够有效应对冲突和挑战。

（4）提升幸福感。韧性有助于个体更好地适应变化，从而提升幸福感和满意度。

（5）成就目标。具备韧性的个体更有可能坚持追求自己的目标，克服困难并取得成功。

韧性是一项可培养的积极心力，通过科学的方法和持续的实践，我们可以在生活中不断发展和强化这一能力，从而变得更加坚强、自信和幸福。培养韧性是一个综合性的过程，涉及以下 6 个关键方面。

（1）认知技能。通过心理健康教育，个体可以学习并掌握认知技能，从而更好地理解和管理自己的思维模式。这有助于减少消极思维，增强适应性思维，提升心理韧性。

（2）社交互动。与他人分享自己的情感和经历，建立稳固的支持系统，能够显著提高心理韧性。社交互动不仅提供了情感支持，还能帮助个体在困境中找到新的视角和解决方案。

（3）自我关爱。照顾自己的身体和情感需求是保持心理健康的基础。通过自我关爱，个体能够更好地应对压力，保持心理平衡，从而增强韧性。

（4）学习应对策略。掌握应对压力、焦虑和挫折的策略，如冥想、深呼吸和放松练习等，能够帮助个体在面对挑战时保持冷静和理智，从而更好地应对困难。

（5）成功体验。自信心是成功体验的直接产物。通过设定并达成小目标，个体可以在实践中积累成功经验，从而增强自信心，提升应对困难时的信心和韧性。

（6）从失败中学习。将失败视为学习的机会，从中汲取经验，培养逆境中的应对能力，这对于提升韧性具有积极的作用。

心理资本

积极心力中的自我效能感、乐观、希望和韧性构成了心理资本的 4 大关键要素。美国著名学者弗雷德·路桑斯及其团队提出了心理资本的概念。心理资本的 4 大关键要素如下。

（1）自我效能感。个体有信心采取必要的努力，并在挑战性任务中获得成功。

（2）乐观。个体对现在和未来的成功采取积极的归因态度。

（3）希望。个体能够坚定目标，并在必要时调整迈向目标的路径。

（4）韧性。当陷入困难和逆境时，个体能够坚持不懈，恢复甚至超越常态，以获得成功。

在实际应用中，心理资本可以在以下 4 个领域发挥作用。

（1）工作场所。组织可以通过培训和发展计划提升员工的心理资本水平，从而提升员工的工作表现、激发其创造力并培养其团队合作精神。

（2）教育领域。学校可以通过教育课程和辅导活动培养学生的希望、乐观、自我效能感和韧性，以增加他们的学习动机，提升其学业成就。

（3）家庭生活。家长可以通过支持与鼓励帮助孩子建立积极心态与抗挫折能力，使他们更好地应对生活中的各种挑战。

（4）个体发展。每个人都可以通过自我反思与训练提升自己的心理资本水平，在面临困难时更加坚韧与乐观地前行。

总之，心理资本作为一种重要资源，在促进个体成长与发展、提升组织绩效与创新能力等方面具有重要意义。通过有效培养和运用心理资本，在不断变化与竞争激烈的社会环境中取得成功将变得更加可行。

扫码测评你的积极心理资本。

你的积极心力被唤醒了吗

如果你在乘坐拥挤的地铁时看到一位年迈体弱的老人，你会作何反应？是选择视而不见，还是心生怜悯，进而主动让座？无论是做出让座的行动，还是仅仅萌生让座的念头，这都是内心向善的良知的觉醒，可以转化为积极的行动力。

或许你曾在商场中目睹这样的场景：一个孩子对心仪的玩具爱不释手，如果父母未能满足他的愿望，那他会使出浑身解数，软磨硬泡，力求达成目标。这正是孩子心中对美好事物的追求（即向尚的理想）在生活中的体现，而他所采取的各种方法，正是他内心向上力量的展现。

每个人都具有积极心力，但将这种能量转化为实际行动的程度却因人而异，这主要取决于个体的性格差异和行为风格。

性格与行为风格

性格是一个复杂且多维的概念，它体现了个体在行为、情感和思维方面的相对稳定的特征和倾向。性格的形成受到多种因素的共同影响。遗传因素在决定个体性格方面扮演着重要角色，某些特质可能让后代具有更高的易感性。生物学因素，如大脑结构和神经系统的活跃程度等，也会对性格产生影响。环境因素，包括家庭教育和社会文化，同样在性格塑造中发挥重要作用。此外，个体的经历、自我意识与自我认知等因素，也参与了共同塑造每个人独特性格特征的过程。

性格主要由特质、态度和价值观构成。特质是个体在某些方面表现出的相对稳定的行为倾向，如外倾或神经质；态度是个体对待事物和情境时所表现出的倾向；价值观是关于道德伦理和人生意义等方面的信念和取向。了解自己的性格有助于促进自我认知与发展，加上对他人性格的了解则有助于建立更加健康积极的人际关系。在工作场合中，了解团队成员的不同性格类型可以更好地分工合作，提高工作效率；在教育领域，了解学生的不同性格特点有助于制定更有效的教学策略，促进学生的全面发展；在心理咨询领域，通过分析个体的性格类型，可以制定针对性的治疗方案，帮助个体解决心理问题。

每个人都有独一无二的性格特征，表现出不同程度和类型的行为倾向。性格的主要特征包括相对稳定性、个体差异、多维性及可塑性。不同的性格类型展现出不同的行为方式和思维模式，如外倾与内倾、感觉与直觉等。

总之，性格是一个复杂而多维的概念，在日常生活中扮演着重要角色。通过深入了解其形成过程、主要特征与组成部分，并将其应用于实际生活中，我们可以更好地认识自己与他人，实现更加全面与健康的发展。

扫码测评你的性格类型。

MBTI 性格类型

MBTI（Myers-Briggs Type Indicator）是一种广泛使用的人格测评工具，基于瑞士心理学家荣格的心理类型理论，旨在描述和解释个体的性格特征。MBTI将人的性格分为 4 个维度，每个维度包含 2 种对立的倾向，最终组合成 16 种不同的性格类型。以下是每个维度及其对应的倾向。

第一维度：外倾（E）与内倾（I）

- 外倾（E）。外倾型的人喜欢与他人互动，善于表达自己的想法和情感，享受社交活动和团队合作。

- 内倾（I）。内倾型的人更倾向于独处或与少数亲近的人交往，善于思考和反省，注重内心世界。

第二维度：感觉（S）与直觉（N）

- 感觉（S）。感觉型的人关注现实、具体的事物，重视细节和实际经验。
- 直觉（N）。直觉型的人更关注未来、可能性和抽象的概念，善于发现事物之间的联系和深层意义。

第三维度：思考（T）与情感（F）

- 思考（T）。思考型的人注重逻辑、客观分析和事实依据，在决策时倾向于理性。
- 情感（F）。情感型的人更关注他人的情感、价值观和人际关系，在决策时倾向于情感和价值取向。

第四维度：判断（J）与知觉（P）

- 判断（J）。判断型的人倾向于组织、计划和控制生活，偏好结构化和目标明确的环境。

- 知觉（P）。知觉型的人灵活开放，适应力强，偏好灵活应变和保持开放心态。

根据以上 4 个维度的组合，MBTI 理论定义了 16 种不同的性格类型及其特点。

（1）ISTJ（内倾、感觉、思考、判断）。ISTJ 型的人踏实可靠，善于组织和执行任务，重视传统和秩序，做事稳重。

（2）ISFJ（内倾、感觉、情感、判断）。ISFJ 型的人关心他人需求，善于体贴和关怀他人，注重维护和谐的人际关系。

（3）INFJ（内倾、直觉、情感、判断）。INFJ 型的人富有理想和远见，善于洞察他人的内心，重视价值观和深层意义。

（4）INTJ（内倾、直觉、思考、判断）。INTJ 型的人理性分析能力强，善于规划和解决问题，追求完美和创新。

（5）ISTP（内倾、感觉、思考、知觉）。ISTP 型的人冷静理智，擅长处理紧急情况，喜欢探索新事物。

（6）ISFP（内倾、感觉、情感、知觉）。ISFP 型的人独立自主，注重个人价值观和审美品位，擅长艺术创作。

（7）INFP（内倾、直觉、情感、知觉）。INFP 型的人是理想主义者，充满同情心和创造力，追求个人成长与真理。

（8）INTP（内倾、直觉、思考、知觉）。INTP 型的人独立思考能力强，喜欢探索新领域和理论，追求知识与真理。

（9）ESTP（外倾、感觉、思考、知觉）。ESTP型的人喜欢挑战，善于解决问题，适应力强。

（10）ESFP（外倾、感觉、情感、知觉）。ESFP型的人热爱生活，是乐天派，喜欢社交活动，善于营造轻松愉快的氛围。

（11）ENFP（外倾、直觉、情感、知觉）。ENFP型的人充满激情与好奇心，富有想象力和创造力，善于激励他人。

（12）ENTP（外倾、直觉、思考、知觉）。ENTP型的人具备挑战精神和逻辑分析能力，喜欢探索新思路和可能性。

（13）ESTJ（外倾、感觉、思考、判断）。ESTJ型的人有组织性，喜欢计划，重视传统和规则，执行力强。

（14）ESFJ（外倾、感觉、情感、判断）。ESFJ
型的人关心他人需求，喜欢社交活动，善于营造和谐
的人际关系。

（15）ENFJ（外倾、直觉、情感、判断）。ENFJ
型的人具有领导才能和同情心，善于激励和支持
他人。

（16）ENTJ（外倾、直觉、思考、判断）。ENTJ
型的人能成为果断型领导者，具备逻辑分析能力，善
于制定战略并推动执行。

每种性格类型都有其独特的特点和优势，在不
同环境下可能展现出不同的行为特征。了解自己的
MBTI 性格类型可以帮助个体更好地认识自己的优势
与局限性，从而在工作与生活中更好地发挥潜力。同
时，了解他人的性格类型也有助于个体与他人建立更
加融洽的人际关系，促进沟通与合作。

DISC 行为风格

DISC 行为风格是一种广泛应用于行为风格评估
的工具，旨在帮助人们更好地理解自己和他人的行

为倾向与沟通方式。DISC 代表了 4 种主要的行为风格：支配型（Dominance，D）、影响型（Influence，I）、稳定型（Steadiness，S）和尽责型（Compliance，C）。每种行为风格都体现了不同的性格特点与倾向，帮助个体更清晰地认识自己在不同情境下的行为模式。它们在个体特质、行为表现和沟通风格等方面存在显著差异。以下是对这 4 种类型的详细解析。

1. 支配型

特点。 支配型个体具有决断力、果断、自信、目标导向和竞争性强等特点，倾向于掌控局面，追求结果，勇于冒险。

行为表现。 支配型个体直接坦率，注重目标和结果，偏好权威性的交流方式，擅长领导和决策，善于解决问题并推动工作进展。

沟通风格。 支配型个体具有简洁明确的沟通风格，注重效率与结果，偏好直接且权威的沟通方式。

在团队中的角色。 支配型个体擅长领导团队，推动工作发展，解决问题并实现目标。

2. 影响型

特点。 影响型个体充满活力、乐观、社交能力强，善于说服他人，喜欢与他人互动，富有创造力。

行为表现。影响型个体热情开朗，善于激励他人，注重情感与互动，擅长建立关系、增强团队凝聚力、协调工作并提升团队氛围。

沟通风格。影响型个体热情洋溢，富有感染力，注重情感交流与互动。

在团队中的角色。影响型个体善于建立关系与凝聚团队，在社交活动中发挥重要作用，激发团队活力。

3. 稳定型

特点。稳定型个体稳重可靠、耐心细致、忠诚可信，偏好稳定、安全的环境，注重细节。

行为表现。稳定型个体温和友好，倾听能力强，注重团队合作与支持。

沟通风格。稳定型个体温和友善，善于倾听，注重团队合作与支持。

在团队中的角色。稳定型个体擅长协调与支持他人，在困难时提供安慰与支持，保持团队的稳定性与可靠性。

4. 尽责型

特点。尽责型个体谨慎小心、精确细致、遵守规则，偏好按部就班地工作，注重细节与准确性。

行为表现。尽责型个体善于分析问题并提出解决方案，在规划与执行方面表现出色。注重遵守规则和程序，擅长管理风险并预防问题发生。

沟通风格。尽责型个体谨慎审慎，逻辑清晰，注重事实与数据，偏好独立思考问题，通过逻辑推理解决问题，依据事实进行决策。

在团队中的角色。尽责型个体擅长分析复杂情况并提出解决方案，在执行过程中确保准确性与可靠性。

通过理解DISC行为风格，个体可以更好地认识自己与他人的行为倾向，从而在团队协作、沟通交流和个人发展中发挥优势，提升整体效能。

DISC行为风格的应用场景主要涉及以下3个方面。

（1）个人发展。通过了解自己的主要DISC行为风格，个体可以更清晰地认识自己在不同情境下的行为模式，从而更好地发挥自身优势，同时有针对性地改进不足之处。这种自我认知有助于提升个人的能力与适应性，为其成长与发展奠定基础。

（2）**团队建设**。在团队中，了解每位成员的主要 DISC 行为风格，可以帮助领导者更科学地分配任务、优化分工，并促进团队成员之间的协作与沟通。这种基于行为风格的管理方式能够显著提升团队的整体效率与凝聚力。

（3）**领导管理**。针对不同 DISC 行为风格的员工制定相应的管理策略，可以更有效地激发其潜力，提升其工作积极性与绩效水平。通过灵活运用 DISC，领导者能够更好地满足员工的个性化需求，从而推动团队和组织的整体发展。

通过深入理解 DISC 行为风格及其特点，我们可以在实际生活中更有效地应用这些知识，不仅能促进个体的自我提升，还能显著提高团队的合作效率与整体绩效。

扫码测评你的行为风格。

本章小结

综上所述，本章旨在理解积极天性，并将其外化为积极心力。在生活、学习和工作中，通过反思自己的行为或观察他人的行为，不断觉知、认知和应用积极心力。

第一步，练习觉知。例如，看到老年人上车时，你内心自然生出让座的念头，这便是向善的良知在发挥作用。觉知是觉察内心善念的开始，是积极心力的萌芽。

第二步，练习认知。例如，为什么会生出让座的念头，甚至付诸行动？这背后是中华民族尊老爱幼的传统美德在驱动，而更深层次的原因则是人的社会性。认知帮助我们理解行为背后的动机和根源，从而强化积极心力的内在逻辑。

第三步，练习应用。正如古人所言，"吾日三省吾身"。不断反思自己的行为，理解其意义，并将其转化为日常实践。应用是将觉知和认知落实到行动中的关键，是积极心力得以持续发展的动力。

心若改变，态度随之改变；
态度改变，习惯随之改变；
习惯改变，性格随之改变；
性格改变，人生随之改变。

——亚伯拉罕·马斯洛

第三章

内在动机与核心动机

内在动机原则是创造力的社会心理学基础，当人们被工作本身的满意和挑战所激发，而非被外在压力所激发时，才表现得最有创造力。

——特丽萨·阿马比尔
美国心理学家

积极行为的内在动机

每个人都具有积极天性，当这种天性转化为积极心力时，便会触发积极行为。然而，触发积极行为的动机或原动力存在本质差异，这种差异源于个体对需求的觉知层次。

需求是推动个体实现特定目标的内部压力源，但需求本身并不能直接引发行为。只有当需求被个体感知并转化为情感体验时，才能成为行为的驱动力。情感作为需求满足与否的心理表征（如欲望、爱憎、苦乐等），是行为产生的直接动因；而需求则通过激发情感间接地影响行为。正如哲学家冯友兰所言：理性只能判断行为的是非与方式，唯有情感方能赋予行动力量。

需求驱动模型

人类行为的发生遵循"需求—需要—欲望—目标—动机"的驱动链条。需求是个体行为的基础，需要是需求在意识中的反映，欲望是满足需要的情感驱动，目标是满足欲望的具体行动方向，而动机则是这一系列过程的总和，推动个体朝着目标前进，这就是需求驱动模型。该模型揭示了行为从内在压力源到外部行动的逻辑闭环，对理解人类行为复杂性、指导心理咨询、市场营销及人力资源管理等实践具有重要意义。

需求

需求是由生理、心理或社会失衡引发的客观内在压力源，体现为个体实现特定目标的底层驱力。根据马斯洛提出的需求层次理论，需求呈金字塔结构（见图 3-1），在低阶需求得以满足后，高阶需求逐渐成为主导驱力。从低阶需求到高阶需求依次如下。

- 生理需求：包括呼吸、饮食、睡眠等生存基础。
- 安全需求：稳定的环境与风险规避。
- 爱与归属的需求：包括社会联结与情感依附。
- 尊重的需求：包括自我价值与社会认可。

- **自我实现的需求**：包括潜能发展与意义追寻。

图 3-1　马斯洛需求层次理论

需要

需要是需求在意识中的反映。当个体感到口渴（生理需求）时，会形成"需要饮水"的主观认知，继而触发情感层面的欲望与行为目标。

欲望

欲望是需求转化为需要后产生的情感驱力。例如，"需要饮水"会引发"渴望饮水"的迫切感，这种情感张力推动个体采取行动。

目标

目标是欲望导向的具体行动方向，具有聚焦注意与资源分配的功能。例如，"饮水的欲望"会转化为"寻找水源—取水—饮水"的目标序列，并在实现目标的过程中排除无关信息的干扰。

动机

动机是整合需求、需要、欲望与目标的系统性驱动力，贯穿于行为激发、维持与调节的全过程。它既解释行为的内在逻辑，也决定行为的方向与行动的强度。

需求驱动模型的应用价值

该模型通过解构行为发生的心理机制，为以下领域提供方法论支持。

- 心理咨询：识别来访者行为背后的需求断层。
- 组织管理：设计符合员工深层需求的激励体系。
- 消费研究：洞察消费者决策的情感触发点。

通过培养对需求驱动链条的觉知，个体能更有效地将积极天性转化为可持续的积极行为模式。

心理需求与核心动机

心理需求是指个体对情感联结与社会归属的内在渴望，涵盖个体对自我价值的确认及对人际支持系统的深层需要。尽管这类需求不直接关乎生存，却是心理健康、人格发展及主观幸福感的本质性构成要素。

动机作为行为动力系统，为人类活动提供能量指向与目标导航。心理需求正是这一系统的核心驱力——它们通过激发目标导向行为，促使个体主动寻求需求满足路径，从而形成"需求→动机→行为"的闭环反馈机制。

自我决定理论的核心维度

根据心理学家爱德华·德西与理查德·瑞安提出的自我决定理论（Self-Determination Theory，SDT），人类存在3种与生俱来的基本心理需求：自主性需求、能力感需求与归属感需求。这3种需求的均衡满足是心理健全与幸福体验的关键预测指标。

1. 自主性需求

定义。 自主性需求是指对自我决策权与行为掌控感的内在渴望，体现为对自由选择与真实表达的追求。

作用机制。 与生理需求（如口渴）相似，自主性匮乏会引发心理张力，驱动个体通过环境探索恢复心理平衡。

健康阈值。 当个体感知到行为源于内在意愿而非外部强制时，其认知弹性与创造力显著提升。

2. 能力感需求

定义。 能力感需求是指对效能感与成就体验的基础性需要，表现为掌握技能、应对挑战的持续性动力。

作用机制。 能力感发展通过"挑战—胜任"循环强化自我概念，但效能增益需以自主性为前提——缺乏内在动机的强制学习会削弱能力感。

健康关联。 能力感与抑郁风险呈显著负相关，是心理韧性的核心保护因子。

3. 归属感需求

定义。 归属感需求是指建立并维系积极社会联结

的普遍驱力，亦称关系需求。

作用机制。归属体验通过镜像神经元系统激活情感共鸣，促进催产素分泌，从而降低应激反应。

双维价值。归属感不仅是身心健康的保护因子（如降低心血管疾病和抑郁障碍的发病风险），更是意义感与幸福感的核心来源。

上述 3 种需求构成的心理生态系统诠释了个体从生存适应到自我实现的完整发展轨迹。

案例分析

情境：当个体感到口干舌燥时，通常会做出饮水的行为。通过需求驱动模型可拆解此行为的心理机制。

1. 需求识别（生理驱动层）

口干舌燥是生理上缺水触发的客观需求信号，属于马斯洛需求层次理论中的基础需求之一 ——生理需求。

2. 需要转化（认知解释层）

大脑通过既有心智模型（惯性认知框架）将生理需求转化为主观需要：必须补充水分以恢复体内平衡。

3. 目标生成（行为决策层）

需要则进一步引发具体的行为目标。

（1）惯性目标：直接激活"寻找饮用水"的常规解决方案。

（2）扩展目标：结合情境可能衍生"吃含水食物""饮用茶饮"等替代选项。

4. 行动执行（操作实施层）

目标驱动身体做出取水、饮水等系列动作，完成需求满足的闭环。

认知升级启示

许多行为困境源于心智模型的自动窄化效应，如仅关注"饮水"而忽视其他补水途径。通过以下认知干预可突破这种限制。

1. 需求觉知：识别生理或心理的底层驱动信号。
2. 需要澄清：明确"补充水分"的本质诉求。
3. 目标拓展：结合环境资源生成多元解决方案。
4. 行动优化：选择最适应当前情境的执行路径。

这种从自动化反应到主动性决策的转变，正是"山重水复疑无路，柳暗花明又一村"的心理机制体现。

该案例示范了直接应用需求驱动的方法。下面的案例则示范如何将需求驱动模型应用到实际咨询中。

案例2

厌学的孩子

案例背景：小学 3 年级学生小华因课堂发言遭到同伴嘲笑而产生厌学行为，现依据需求驱动模型制订分阶段干预计划。

1. 需求识别与确认

（1）生理需求。与小华父母沟通，确保其饮食、睡眠等基本生理需求得到满足。了解小华的日常作息，帮助他建立规律的饮食和睡眠习惯，为心理恢复提供生理基础。

（2）安全需求。在咨询中营造温暖、安全的氛围，使用舒适的座椅，在安静的环境中展开咨询。向小华明确表示，他可以自由表达感受，无须担心被评判或被嘲笑。

2. 需要转化为意识

（1）情绪识别。使用情绪卡片（如快乐、悲伤、愤怒等）帮助小华识别和表达情绪。让他选择与感受相符的卡片，并解释选择原因，逐步提升情绪觉察能力。

（2）认知评估。通过开放式问题引导小华反思被嘲笑事件，如询问诸如"你觉得同学们为什么会嘲笑你""这件事对你有什么影响"等问题，从而帮助他识别并调整负面自我认知。

3. 欲望与情感驱动

（1）情感支持。通过倾听与共情，向小华传递"你并不孤单"的信息，分享名人或同龄人克服困难的故事，激发他的内在力量。

（2）情感表达。鼓励小华通过绘画或写日记表达情感。例如，画出被嘲笑时的感受，或者写下对事件的看法，帮助他释放情绪。

4. 目标设定

（1）行为目标。与小华共同设定短期目标，如"下周尝试在课堂上回答一个问题"或"每天与1位同学交流10分钟"，使用SMART原则确保目标具体、可操作。

（2）积极体验。安排小华参与感兴趣的活动（如体育、艺术等），让他在成功中建立自信。记录进步并在每次会谈中给予积极反馈。

5. 动机激发

（1）内在动机。与小华讨论他在学校的兴趣和爱好，帮他识别学习的乐趣。使用"兴趣清单"列出他喜欢的科目和活动，激发其内在动机。

（2）外在动机。设定小奖励机制，如完成目标后获得小礼物或参与特别活动。与父母沟通，确保他们在家庭中给予小华积极反馈和鼓励。这些奖励、积极反馈和鼓励会形成外在动机，增强他的学习动力。

6. 自我调节

（1）情绪调节。教授小华情绪调节技巧，如深呼吸、正念冥想或"冷静空间"想象练习。在会谈中进行简单练习，帮助他掌握这些方法。

（2）行为改变。运用认知行为疗法，帮助小华识别不合理思维模式。使用"思维记录表"记录负面想法并寻找替代性思维。

7. 家庭和学校的支持

（1）家长合作。定期与小华的父母沟通，提供教育指导，帮助他们理解小华的感受并学习如何支持他。对家庭活动提供建议，以促进亲子互动。

（2）学校环境调整。与小华的老师沟通，确保学校环境对小华的支持。建议老师在课堂上给予小华更多关注和鼓励，或者安排同伴辅导。

8. 跟踪和评估

（1）定期会谈。每周与小华进行一次会谈，记录其情绪和行为变化。使用情绪日记，让小华每天记录情绪变化和应对策略。

（2）进展报告。每两个月为小华及其父母准备一份进展报告，涵盖成就、情绪变化和改进方向。与小华一起回顾进展，增强其自信。

9. 增强自信与自尊

（1）正向反馈。在每次会谈中强调小华的进步和努力，给予积极反馈。使用"成功清单"记录他的小成就，强化正向体验。

（2）成功体验。鼓励小华参与擅长的活动（如运动、艺术等），让他在这些领域获得成功，增强自我效能感。

通过上述具体的步骤，我们可以为小华提供一个全面且细致的心理咨询方案，帮助他逐步克服心理困扰、重建自信，最终重返学校。这个方案结合了需求驱动模型的各个阶段，旨在帮助小华理解和管理自己的情绪，激发他的内在动机，并提高他的社交技能和自我调节能力。

以下是心理咨询师为小华做的4次模拟心理咨询。

第一次心理咨询

心理咨询师：小华你好，欢迎来到咨询室。我是Lisa老师，接下来的时间我们会共同探索你最近面临的困扰。需要特别说明的是，这里的所有对话都受保密原则保护，你可以自主决定分享的内容和节奏。现在你觉得自己准备好开始了吗？

小华：（低头搓手指）Lisa老师好……我不知道

该怎么说这些事。

心理咨询师:(身体前倾,语调温和)没关系的,我们可以从你愿意谈的部分开始。听说最近学校生活让你有些压力,你愿意聊聊发生了什么吗?

小华:(眼眶微红)上个月数学课……我举手回答问题时完全错了,全班都在笑。从那之后,我总觉得一进教室就喘不过气来。

心理咨询师:(点头记录)我能感受到这件事对你造成的冲击。当同学们发出笑声时,你最先产生的念头是什么?

小华:(声音颤抖)当时我只觉得自己特别没用……恨不得立刻消失。

心理咨询师:(共情性重复)"特别没用"和"恨不得立刻消失",这种自我否定带来的痛苦确实让人难以承受。当这种情绪上来时,你通常会采取什么方式应对?

小华:(蜷缩身体)请假在家,拉上窗帘,连手机消息都不敢看。

心理咨询师:(正常化技术)很多人在经历让人在强烈羞耻感的事情时,都会出现社交回避行为,这是心理的自我保护机制。我们可以一起寻找既能保障安全感，又能逐步恢复社会功能的平衡点，你愿意尝试吗？

小华：（点头）嗯……

心理咨询师：（资源取向提问）我注意到你提到绘画能让你暂时忘记烦恼，这种艺术表达是非常有效的情绪调节方式。你能否回忆最近一次通过画画获得平静的具体情境？

小华：（眼神微亮）上周画星空时，我好像进入了另一个世界，连心跳都变慢了。

心理咨询师：（行为激活技术）很棒的体验！我们可以将这种心流状态纳入你的"情绪急救工具箱"。此外，和小狗玩耍、骑自行车这类活动是否也具备类似的安抚作用？

小华：是的，特别是骑自行车时风吹过脸颊的感觉，让我……

心理咨询师：（合作式目标设定）接下来两周，我们尝试建立"每日滋养时刻"——每天至少30分钟从事这些能让你进入心流状态的活动。同时我会与学校心理老师协作，在教室里为你设置一个"安全角"，你觉得这样的渐进计划如何？

小华：（坐直身体）安全角听起来可以试试……

心理咨询师：（预演技术）非常好！下次咨询我们将模拟课堂情境，通过系统脱敏法练习焦虑管理。现在你体内是否还存在着没能表达的担忧？

小华：（深呼吸）其实……我害怕永远走不出这种阴影。

心理咨询师：（赋能性总结）这种恐惧恰恰说明你在主动寻求改变。在今天的咨询中，你已经展现出对自身情绪的敏锐觉察，也展现出尝试新策略的勇气——这些都是心理复原力的重要基石。（递上咨询笔记）这是我们共同制订的阶段计划，你随时可以调整其中的内容。

小华：（接过笔记）谢谢 Lisa 老师，好像有束光透进来了。

第二次心理咨询

心理咨询师：小华，欢迎回来。上次我们探讨了你在学校的经历，以及绘画、骑自行车等能带给你积极体验的活动。这一周过得如何？

小华：Lisa 老师，这周我尝试了您建议的活动，绘画和骑自行车确实让我的情绪平复了许多。

心理咨询师：这很棒，说明你找到了有效的情绪调节策略。你愿意具体聊聊这些活动中的感受吗？

小华：画画时，我能完全沉浸在线条和色彩里，暂时脱离学校的压力；骑行时迎面而来的风让我感到轻盈，仿佛烦恼都被吹散了。

心理咨询师：这种专注与放松的状态正是情绪自我调节的关键。除了这些活动，本周是否尝试过返校或与同学互动？

小华：我勉强去了一天学校，但依然感到焦虑。

心理咨询师：迈出返校这一步已值得肯定。焦虑是面对挑战时的自然反应——当时你是否尝试过缓解方法？

小华：我带了画册，课间翻看能让我平静些。

心理咨询师：将艺术创作作为自我安抚工具是非常智慧的策略。接下来我们尝试结合呼吸训练强化这种能力如何？当你感到紧张时，通过4拍节奏的深呼吸（吸气4秒，然后屏息2秒，接下来呼气6秒）激活副交感神经，快速恢复情绪平稳。（引导进行3次4拍节奏呼吸循环）

小华：呼吸节奏放慢后，紧绷感确实减轻了。

心理咨询师：记住，这个技巧可随时应用于校园场景。现在让我们设定阶段性目标：未来1周每天选择 1 位同学进行 30 秒内的简短互动，如询问作业进度或展示一幅画作。你愿意接受这个挑战吗？

　　小华：我试试看。

　　心理咨询师：改变始于微小尝试。下次咨询我们可以模拟特定的社交场景，如怎么回应同学的主动交流。你做得很好，我们下周见。

第三次心理咨询

　　心理咨询师：小华，很高兴看到你如约而至。上周的呼吸训练和社交目标进展如何？

　　小华：我和 3 位同学有过简单对话，虽然心跳还是会加快，但比之前从容了些。呼吸法在发言前缓解紧张情绪特别有帮助。

　　心理咨询师：你的进步令人欣喜！今天我们将引入正念冥想技术——通过非评判性地觉察当下（如环境声音、身体触感），阻断焦虑思维的蔓延。

　　（引导 5 分钟正念练习：关注呼吸气流、座椅承托力、环境白噪声）

　　小华：杂念浮现时，按您说的只观察不纠缠，确实平静许多。

　　心理咨询师：这种"心理锚点"技术能增强情绪

耐受性。关于课堂参与，听说你计划尝试主动发言？

小华：是的，但是担心说错被嘲笑。

心理咨询师：让我们通过认知预演降低不确定性：假设老师提问月球基地建设，你可以提前构思3个观点，我们模拟发言场景。（角色扮演后）现在感受如何？

小华：准备充分后，恐惧感转化成了期待感。

心理咨询师：看，认知重构能重塑情绪体验！记住，勇气不是无畏，而是带着不安行动。

最后一次心理咨询

心理咨询师：小华，今天我们总结整个咨询历程。听说你已在科学课上3次主动发言？

小华：是的！虽然首次发言时声音发抖，但同学们认真倾听的样子让我越来越自信。

心理咨询师：从回避到主动，这是自我效能感的飞跃。与科学小组合作项目感觉如何？

小华：我们讨论太空殖民计划时，我发现分享观点比想象中愉快，甚至交到了几位兴趣相投的朋友。

心理咨询师：社交联结的建立往往始于共同目标的协作。回顾这段成长，你觉得自己最重要的收获是什么？

小华：我学会了与焦虑共处：它像天气阴晴变化，而我始终带着自己的"情绪雨伞"，如呼吸法、正念、预演准备等。

心理咨询师：精妙的比喻！你的心理韧性已显著增强。未来加入科学俱乐部时，这些工具将继续为你护航。记住，咨询的结束不是终点，而是你独立运用资源的新起点。（递上总结手册）这本情绪调节指南涵盖了我们的所有练习，如果需要，可以随时重温。

小华：谢谢您，Lisa 老师。现在的我，终于有勇气做自己的"心理教练"了。

本章小结

人的繁衍、生存与发展是一个生生不息的过程，这一过程根植于人的基本需求。

在环境中，人类被欲望驱动，而欲望在意识中表现为需求的多样性。这种多样性一方面推动了人类社会的进步与发展，另一方面也导致基本需求被过度放大，从而引发心理困扰。需求的差异性促使人们选择不同的目标与实现路径，进而构建出丰富多彩的意义世界。

如果一个人仅仅追求外界强加的价值和目标，他便失去了真正的自由。因为他丧失了内在动机与自主性，也无法获得持久而真实的幸福。

——爱德华·德西
自我决定理论奠基者

第四章

运用"三自技术"激活积极心力

人类行为的持续动力源于对自主性的感知——当个体相信行为源自内在选择而非外部强制时，其动机系统方能被真正激活。

——爱德华·德西

理论根基

自由、自主和自在是激发个体积极行动的重要因素，它们通过满足个体的基本心理需求、增强内在动机和促进心理和谐，共同推动个体采取积极行动，实现自我成长和心理福祉。三者从不同维度塑造健康的行为模式。

自由：创造心理场域，激发内在潜能

1. 自由与内在潜能的释放

自由为个体提供无压迫的心理场域，使其突破外部规训的桎梏，实现现实能力与潜在特质的动态整合。在自由环境中，自我认知的深化与兴趣图谱的拓展形成正反馈，持续激活个体的内在动机，驱动其做

出目标导向的行为。

2. 自由与积极情绪的关联

自由的体验能够带来积极情绪，而积极情绪是激发行动的重要动力。积极情绪的"扩展 - 建构"模型指出，积极情绪能够激活行动倾向，扩展思维和行为的边界。当个体感受到自由时，更容易产生积极情绪，进而促进积极行动的产生。

自主：强化自我决定，塑造积极人格

1. 自主性与自我决定理论

自主性是自我决定理论的核心概念之一。该理论指出，个体的健康成长依赖于自主性、胜任感和联结感这 3 种基本心理需求的满足。自主性使个体能够基于自身意愿与价值观做出选择，从而强化内在动机。当个体感到自主时，会更愿意投入有意义的活动，表现出更高的积极性与更强的创造力。

2. 自主性与积极人格的形成

自主性是积极人格特质的重要组成部分。它帮助个体将先天本性与社会价值相结合，并转化为内在动机与价值观。这种内在动机是积极行动的持久驱动力，推动个体不断追求自我成长与自我实现。

自在：实现心理和谐，促进内在平衡

1. 自在与心理和谐

自在是一种内心的平和与满足状态，有助于个体实现心理平衡与稳定。个体的幸福感源于内在和谐，包括自我接纳、积极关系和生活目标的实现。自在状态能够帮助个体更好地应对压力，减少焦虑与不安，从而为积极行动提供心理支持。

2. 自在与积极行动的循环

自在不仅是心理状态，也是积极行动的结果。当个体通过积极行动实现目标时，会感到更多的自在与满足。这种满足感会进一步激励个体继续采取积极行动，形成良性循环。

自由、自主和自在三者相互关联、相互促进：

（1）自由提供选择的空间；

（2）自主赋予决策的能力；

（3）自在则是对选择、决策与结果的积极反馈。

基于积极天性理论的"三自技术"

积极天性理论认为，每个人都具有向善的良知、向尚的理想和向上的力量。只要给予个体自由的空间和自主选择的权利，在自主性、能力感和联结感等核心动机的驱动下，个体便能享受自在的乐趣，实现自我满足。基于这一理念，我们提出了"自由、自主、自在"的"三自技术"。

"三自技术"是一种以人的内在积极天性为基础，旨在激活积极心力的心理干预与教育方法。它强调通过激发个体的内在动机与潜能，促进其自我发展与自我实现。以下是对"三自技术"的详细阐释。

自由

自由是指在信任个体的前提下，为其提供足够的空间与时间，使其能够自由地探索、学习与成长。这种自由不仅包括物理空间的自由，还涵盖思想与情感表达的自由。在教育与心理咨询中，自由意味着尊重个体的选择，避免强加外部约束与压力，创造一个安全、支持的环境，让个体能够自由表达、尝试新事物，从而发现自身的兴趣与激情。

自主

自主是指在尊重个体自我决定权的前提下，赋予其选择与决定自己生活与学习路径的能力。自主强调个体的主动性与自我管理能力，鼓励其根据自身的价值观与目标做出选择。在实践中，个体的自主可以通过提供多样化选择、鼓励自我反思与自我评估得以实现，从而帮助个体发展自我效能感与责任感。

自在

自在是指在自由与自主的基础上，个体能够体验到由自我实现与自我超越带来的成就感与幸福感。这种状态是一种内在的满足感，源于个体对行为的内在动机与对结果的积极评价。自在不仅是短暂的快乐或满足，还包括对生活的深刻理解与对意义的追求。

三自技术的应用领域

（1）教育领域。教师可以通过提供多样化的学习资源与活动，让学生根据兴趣与能力选择学习内容，从而激发其学习热情与自主学习能力。

（2）心理咨询。心理咨询师可以为来访者提供一个自由与安全的环境，使其自主探索问题与解决方案，享受自我发现与成长的过程。

（3）组织管理。领导者可以通过授权与赋能，让员工参与决策过程，提升其工作满意度与对组织的归属感。

（4）个人发展。个体可以通过自我反思与自我指导，发现内在动机，设定个人目标，并享受实现目标的过程。

三自技术的核心价值

自由、自主与自在的实践可促进个体的整体发展与幸福感。其主要目标是激发个体的自驱行动，使其在行动中体验到成就感、愉悦感与幸福感，尤其是帮助个体解决困扰自身的问题。

案例分析

案例1

儿童进餐拖延行为干预

问题焦点：通过自主承诺与行为强化建立用餐时间观念。

干预流程

1.自主决策阶段

- 建立契约意识："晚餐已准备好，你计划几分钟后开始用餐？"

- 接纳儿童的承诺："好的，我们约定 × 分钟后开饭。"（记录具体时间）

2.行为唤醒阶段

- 客观提醒："约定的 × 分钟已到，我现在开始用餐。"（避免情绪性语言）

- 激活责任认知：客观地陈述事实，引导儿童感知承诺与行为的关联。

3. 习惯养成阶段

- 持续 21 天强化训练，构建积极的语言环境
  （如"我看到你比昨天提前 2 分钟就座"）。
- 神经科学依据：通过重复行为塑造基底神经
  节自动化反应模式。

案例2
儿童晨间唤醒困难干预

问题焦点： 运用自我决定理论改善起床抗拒
行为。

干预方案

1. 预协商阶段

- 睡前共同制定唤醒方案："你希望明早采用哪
  种唤醒方式？音乐提醒还是渐进式呼叫？"
- 明确责任边界："我会按约定执行 3 次唤醒，
  后续时间管理由你自主负责。"

2. 阶梯唤醒技术

- 一级唤醒：轻触房门并播放舒缓的音乐（激

活听觉皮层）。

- 二级唤醒：提升环境刺激强度（如拉开窗帘）。
- 三级唤醒：非语言信号提示（放置可视时钟）。

3. 自然结果法

- 经历 2~3 次迟到的自然后果（如错过早餐、上学迟到登记等）。
- 发展心理学依据：通过体验后果让前额叶皮层形成行为调控功能。

案例3

电子设备管理契约建立

问题焦点：通过自主选择提升责任承担意识。

实施要点

1. 正强化开场

"昨天你比约定时间提前 10 分钟交接设备，这种自我管理能力值得肯定。"

2. 选择权赋予技术

- "今天你计划几点进行设备管理？需要我何时

提供协助？"

- 关键细节：使用昵称降低防御心理（如"小宝，我们的约定时间快到了"）。

3. 弹性空间设置

- 超时后给予二次选择机会："还需要额外多少分钟完成当前任务？"
- 社会契约理论应用：让孩子自主决策，可增强其义务感知。

案例4
以"三自技术"为基础解决孩子电子设备使用时间过长的问题

基于"三自技术"的原则，家长可以采取以下策略解决孩子电子设备使用时间过长的问题。

1. 自由：信任与空间

在信任孩子的前提下，给予他们一定的自由空间和时间，允许他们合理使用电子设备（如手机）进行探索和学习。

2. 自主：共同制定规则

与孩子一起制定明确的电子设备使用规则，示例如下：

- 每天使用电子设备的时间限制；
- 禁止使用电子设备的场合（如就餐时、睡前等）；
- 弹性规则与奖励机制，鼓励孩子遵守规则。

3. 自在：感受成就感与幸福感

鼓励孩子参与户外活动、家庭互动等，让他们体验现实生活的乐趣，从而减少对虚拟世界的依赖，最终减少孩子的电子设备使用时间。

具体实施步骤如下。

（1）增加户外活动与家庭互动。家庭成员共同参与家庭活动，如运动、阅读、旅行等，帮助孩子发现现实生活的乐趣。

（2）提供替代活动。家长鼓励孩子参与兴趣班或社团活动，如音乐、绘画、舞蹈等，丰富课余生活。

（3）树立榜样。家长应以身作则，控制自己的电子设备使用时间，为孩子树立榜样。

（4）正面引导和沟通。家长应与孩子坦诚交流，让他们理解过度使用电子设备的负面影响，同时倾听他们的需求。

（5）家校协同。家长应与学校合作，共同关注孩子的电子设备使用情况，确保一致引导。

（6）屏幕时间管理。家长可以利用电子设备的屏幕时间管理功能，设置使用时长和禁用时段。

（7）家长助手应用程序。家长可以使用家长助手应用程序，实时了解孩子的电子设备使用情况，并与孩子共同制定使用规则。

上述基于"三自技术"的方法，可以帮助孩子养成健康的手机使用习惯，同时享受自在成长的乐趣。

案例5
以"三自技术"
为核心的心理咨询

小华是一名小学 5 年级学生，因每天使用手机超过 6 小时，导致学习受到影响。在父母的引导下，小华寻求心理咨询师的帮助。以下是心理咨询师以"三自技术"为核心，模拟与小华进行的 3 次心理咨询内容。

第一次心理咨询

心理咨询师：小华，欢迎来到咨询室。我了解到你最近在使用手机方面遇到了一些困扰，能和我分享一下吗？

小华：嗯，是的，我觉得我使用手机的时间太多了。

心理咨询师：我理解这种情况可能让你感到有些不安。首先我想告诉你，我们的对话是完全保密的，你可以放心地表达你的想法和感受。

小华：好的，谢谢。

心理咨询师：你提到每天使用手机超过 6 小时，这确实占用了你很多时间。我想知道，手机给你带来了哪些乐趣？

小华：我喜欢玩游戏、看视频，还喜欢和朋友聊天。

心理咨询师：这些活动听起来很有趣。手机确实能提供娱乐和社交的机会。那么，你觉得这些活动对你有什么积极的影响吗？

小华：它们让我放松，有时候还能学到一些东西。

心理咨询师：放松和学习都很重要。不过，我们也需要平衡，对吧？你提到手机影响了学习，这让你感到担忧吗？

小华：是的，我担心成绩会下降。

心理咨询师：我理解你的担忧。那么，我们一起来想想，如何在享受手机乐趣的同时，也能保证学习效果呢？你觉得自己可以做出哪些改变？

小华：我想我应该少玩一些游戏，多花点时间在学习上。

心理咨询师：这是个不错的想法。你决定减少游戏时间，这是你自己的选择，对吗？

小华：是的，是我自己决定的。

心理咨询师：这正是自主的体现，小华。你正在为自己的学习和生活做出选择。接下来，我们可以设定一些具体的小目标。比如，你希望每天减少多少手机使用时间？你打算在哪些时间段学习？

小华：我想每天减少到3小时，早上和晚上用来学习。

心理咨询师：很好，这是一个明确的计划。那么，我们如何做有利于你坚持这个计划呢？有没有什么方法可以帮助你养成新习惯？

小华：我可以设置定时器，提醒我学习和休息。

心理咨询师：这是个不错的方法。定时器可以帮助你更好地管理时间，让你在学习与休息之间找到平衡。现在，让我们谈谈自在的感觉。当你按照计划行事时，你觉得自己会有什么感受？

小华：我觉得会更轻松，也许还会更自豪，因为我能控制自己的时间了。

心理咨询师：这正是自在的感觉。你通过自己的努力实现了自我管理，这会让你感到满足和快乐。小华，你已经迈出了重要的一步。记住，改变是一个过程，我们可以慢慢来。如果你有任何问题或需要帮助，我随时在这里。

小华：谢谢，我感觉好多了。

心理咨询师：不用谢，小华。你做得很好。我们下次咨询时，可以一起回顾你的进展，并讨论如何继续前进。你今天还有其他想聊的事情吗？

第二次心理咨询

心理咨询师：小华，欢迎回来。上次我们讨论了你减少手机使用时间的计划，这周你感觉如何？

小华：这周有点难，我还是花了很多时间在手机上。

心理咨询师：改变习惯确实不容易，尤其是当我们习惯了某种行为模式时。你能告诉我，是什么让你觉得难以减少手机使用时间吗？

小华：有时候我觉得无聊，就会不自觉地拿起手机。而且，我的朋友也经常在线，我不想错过和他们聊天。

心理咨询师：这很正常，手机确实能带来即时的乐趣和社交满足感。你提到不想错过与朋友的交流，这说明你很重视朋友关系。我们是否可以找到一些替代活动，既能让你感到有趣，又能减少手机使用时间呢？

小华：也许我可以和朋友一起做些线下活动，如运动或去图书馆。

心理咨询师：这是个很棒的想法。线下活动不仅能减少手机使用时间，还能增进朋友关系，甚至发现新的兴趣。让我们制订一个具体计划吧。你想尝试哪些活动？打算什么时候进行？

小华：我想周末去打篮球，或者放学后去图书馆。

心理咨询师：很好，这样你就有了明确的行动计划。我们如何做有利于这些计划顺利实施呢？有没有什么策略可以帮助你坚持?

小华:我可以设置提醒,或者让我妈妈提醒我。

心理咨询师:这些都是不错的方法。设置提醒可以帮助你记住计划,而让妈妈参与进来也能提供额外支持。现在,让我们谈谈自在的感觉。如果你能按照计划行事,你觉得会有什么感受?

小华:我想我会更开心,因为既能和朋友一起玩,又能有时间学习。

心理咨询师:这正是我们所追求的自在状态。通过自主地做出选择并执行计划,你会体验到成就感和满足感。现在,让我们谈谈自由。你觉得在制订这些计划时,自己有足够的自由吗?有没有感到被强迫或感到有压力?

小华:我觉得挺自由的,因为这些计划都是我自己想出来的。

心理咨询师:这很好,小华。你正在体验自由的感觉,因为你能够根据自己的意愿做出选择。记住,自由并不意味着没有限制,而是在理解限制的同时找到自己的道路。你今天还有其他想讨论的事情吗?

小华:没有了,我觉得现在讨论得已经很好了。

心理咨询师:太好了,小华。你已经在自我管理上取得了进步，你值得为自己感到骄傲。我们下次咨询时，可以一起回顾这些计划的执行情况，并讨论遇到的问题或需要调整的地方。记住，改变是一个逐步的过程，每一步都值得庆祝。如果你遇到任何困难，随时可以和我分享。

小华：好的，谢谢。

心理咨询师：不用谢，小华。你做得很好。我们下次见。

第三次心理咨询

心理咨询师：小华，欢迎来到我们最后一次咨询。我很高兴看到你在减少手机使用时间上所做的努力。今天，我们来回顾一下你的进展，并讨论未来的计划。

小华：我很高兴能来到这里。我觉得我做得还不错，但有时候还是会有点困难。

心理咨询师：这很正常，改变习惯是一个逐步的过程，总会有起伏。你能具体说说你遇到的困难吗？

小华：有时候我会忘记时间，特别是当我在玩游戏或和朋友聊天时。

心理咨询师：这确实是个挑战。你已经意识到了这一点，这是很好的开始。你有没有尝试过什么策略来应对这种情况？

小华：我设置了定时提醒，但有时候还是会忽略它们。

心理咨询师：定时提醒是个好方法，但如果它们不够有效，我们可以尝试其他策略。比如，你可以把手机放在另一个房间，或者使用应用程序限制特定应用的使用时间。你觉得这些方法对你有帮助吗？

小华：我觉得把手机放在另一个房间可能会有帮助，这样我就不会那么容易分心了。

心理咨询师：这是个不错的主意。通过物理上的限制来帮助自己保持专注，这是一种有效的自我管理策略。现在，让我们谈谈自在的感觉。你在使用这些策略后，有没有感到更自在和更满足？

小华：是的，当我能够控制自己的手机使用时间时，我确实感到更自在，也更满足。

心理咨询师：这正是我们所追求的。通过自主地管理自己的行为，你能够体验到更自在和更满足。现在，让我们谈谈自由。你觉得自己在减少手机使用的过程中，是否有足够的自由来做出选择？

小华：我觉得有，因为这些都是我自己决定的。

心理咨询师：这很好，小华。你正在体验到自由的感觉，因为你能够根据自己的意愿做出选择。最后，让我们谈谈自主。你觉得自己在减少手机使用时间的过程中，是否有足够的自主性？

小华：是的，我觉得我有足够的自主性。我能够决定什么时候使用手机，什么时候不使用。

心理咨询师：这很棒，小华。你正在展现出很强的自主性，这是自我管理的关键。现在，让我们谈谈你未来的计划。你有什么想法或目标吗？

小华：我想继续减少手机使用时间，也许可以尝试一些新的爱好，如绘画或音乐。

心理咨询师：这些听起来都是很棒的主意。探索新的爱好不仅能帮助你减少手机使用时间，还能让你发现新的兴趣和才能。你有什么具体的计划吗？

小华：我想我可以报名参加一个绘画班，或者在网上找一些教程来学习。

心理咨询师：这是个很好的计划。通过参与这些活动，你不仅能减少手机使用时间，还能发展新的技能。我为你感到骄傲，小华。你已经取得了很大的进步，并且正在朝着积极的方向前进。

小华：谢谢，我觉得好多了。

心理咨询师：不用谢，小华。你做得很好。我们的咨询虽然结束了，但请记住，你随时可以回来，如果你需要进一步的帮助或支持。你已经学会了如何自主地管理自己的行为，这是一项宝贵的技能，它将伴随你一生。祝你在未来的旅程中一切顺利。

小华：谢谢，再见。

心理咨询师：再见，小华。记住，你已经拥有了改变的力量。祝你好运！

总结：三自技术在心理咨询中的应用

在这3次心理咨询中，"三自技术"被巧妙地融入咨询过程中。以下是具体的应用总结。

第一次心理咨询

自由。心理咨询师通过营造安全、支持的环境，让小华能够无拘束地表达对手机依赖的感受与困扰，避免施加外部压力或给予评判。这种自由表达为后续干预奠定了基础。

自主。心理咨询师引导小华基于自身价值观与目标，自主决定减少手机使用时间的计划，强调个体的主动性与自我管理能力，而非依赖外部强制。

自在。心理咨询师帮助小华预见减少手机使用时间后可能获得的内在满足感，如成就感与幸福感，从而强化其行为改变的内在动机。

第二次心理咨询

自由。心理咨询师通过开放式提问，让小华有充分的空间用于探索和表达在减少手机使用时间过程中遇到的困难与挑战，进一步巩固信任关系。

自主。心理咨询师与小华共同探讨可行的解决方案（如设置定时提醒、参与线下活动等），并确保小华感到这些改变是由自己主导的，而非被动接受的。

自在。心理咨询师通过引导小华预设改变后的积极体验，帮助其增强对行为改变的信心与动力，从而为后续行动提供心理支持。

第三次心理咨询

自由。心理咨询师鼓励小华自由回顾自己的进展，并基于此设定未来目标，赋予小华充分的空间进行自我评估与规划。

自主。心理咨询师着重肯定小华在减少手机使用时间过程中展现的自主性与自我控制能力，强化其自我效能感。

自在。心理咨询师通过讨论小华实施计划后的感受，帮助其体验到自我实现与自我超越带来的成就感与幸福感，这是"自在"状态的集中体现。

通过 3 次咨询，"三自技术"被系统性地应用于支持小华的自我发展与行为改变。通过营造自由表达的空间、强化自主决策的能力及引导体验内在满足感，心理咨询师帮助小华逐步摆脱了手机依赖，建立了更健康、积极的生活习惯。这一过程不仅体现了"三自技术"的实践价值，也展示了心理咨询在促进个体成长中的重要作用。

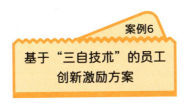

案例6

基于"三自技术"的员工创新激励方案

本方案旨在运用"三自技术"，激发员工积极参与新项目并勇于创新，最终创建一个让员工感到自由、拥有自主权并在创新过程中体验自在与满足的工作环境。

解决方案

1. 自由：构建支持探索的环境

（1）开放沟通文化：建立无层级障碍的沟通机制，鼓励员工自由表达想法和给予反馈。

（2）弹性工作安排：提供灵活的工作时间与远程办公选项，尊重员工的个人节奏与生活方式。

（3）资源可及性：确保员工能够便捷获取所需资源与信息，在其探索与实验新想法时得到支持。

2. 自主：强化员工的控制感与所有权

（1）项目所有权：赋予员工对项目部分环节的完全掌控权，使其成为项目成功的关键推动者。

（2）决策参与：在项目规划与执行的各阶段，吸纳员工参与决策，增强其投入感与责任感。

（3）自我管理团队：推行自我管理的团队结构，由团队成员自主制定工作流程与目标。

3. 自在：营造成就感与幸福感

（1）贡献认可：公开表彰员工的贡献与项目成果，使其感受到工作的价值与意义。

（2）成长机会：提供培训与发展资源，帮助员工提升技能，增强其在新项目中的信心与能力。

（3）工作与生活平衡：保障员工充足的休息与充电时间，维持其工作热情与创造力。

具体实施步骤

步骤 1：项目启动和规划

（1）明确愿景与目标：清晰传达项目的愿景与目标，确保团队成员理解项目的意义与方向。

（2）角色与责任分配：为每位团队成员分配明确的角色与责任，使其清楚自身在项目中的定位。

步骤 2：增强自主权

（1）授权会议：定期召开会议，鼓励团队成员提出改进建议与创新想法。

（2）决策权下放：将决策权下放至团队层面，赋予员工对项目方向的更多控制权。

步骤 3：提供支持与资源

（1）培训与技能提升：根据项目需求，为团队成员提供针对性的培训与技能提升机会。

（2）技术与工具支持：配备先进的技术与工具，为创新与效率提供保障。

步骤 4：促进创新和实验

（1）创新实验室：设立专门空间，鼓励团队成员尝试新想法，即使短期内未必能见到成效。

（2）风险管理计划：制订风险管理计划，帮助团队成员从失败中学习并持续前进。

步骤 5：反馈与认可

（1）定期反馈：提供阶段性反馈，帮助团队成员了解其工作对项目的影响。

（2）奖励与表彰：设立奖励机制，表彰优秀工作成果与创新表现。

步骤 6：持续改进

（1）项目回顾：项目结束后召开回顾会议，总结成功经验与改进空间。

（2）持续学习：鼓励团队成员将经验应用于未来的项目，持续优化工作流程。

实施上述方案，能够创建一个积极的工作环境，让团队成员在新项目中感到自由、自主与自在，从而提升其积极性与创新能力，推动组织创新文化的形成与发展。

本章小结

本章聚焦"三自技术"在工作、生活与学习中的应用，其核心实施步骤包括以下几点：

（1）赋予自由空间：让个体自主决策并做出承诺；

（2）觉知行为：唤醒个体的积极天性；

（3）反复实践：使个体在执行承诺的过程中享受自在的乐趣。

任何损害个体自主性的事件，如强迫性指令、威胁、最后期限、强加目标、监督与评估等，都会削弱个体的内在动机，并可能引发其他负面后果。

——《内在动机：自主掌控人生的力量》

第五章

觉知力与心智模型

心智模型是人类构建认知
的框架工具，但需警惕其
异化为禁锢思维的牢笼。

——肯·威尔伯
美国心理学家、哲学家

正念：觉知的力量

正念是一种有意识的觉知，即在每个当下以非评判的方式持续观照内心。它让我们觉察到感觉、知觉和情绪的流动，从而从行为模式切换到存在模式。当我们专注于此刻，觉知身体与心灵的内在状态时，便能逐渐减少自我耗竭，实现身心平衡。

如何从行为模式切换到存在模式，进而减轻压力、停止自我耗竭呢？

（1）专注当下：找到觉知的对象（如呼吸、动作或某个物体等），作为观照的对象。

（2）稳定内心：即使分心走神，也无须自责或评判，只需温和地将注意力重新带回观照对象。

通过反复练习，我们能够培养对内在体验的觉察力，从而减轻压力、停止自我耗竭。

正念练习的态度基础

（1）不评判：当感觉、知觉或情绪出现时，只需全然地觉知，承认它们的存在，而不加以评价。

（2）耐心：安于当下，不必急于达到某个目的。正念提醒我们，时间是充裕的，无须匆匆忙忙。

（3）初学者之心：以开放的心态面对未知，避免被既有观念或经验束缚。

（4）信任：相信身体与心灵的自我调节能力，信任内在的健康力量。

（5）不努力：安于当下，无须刻意追求结果，只需保持觉醒。

（6）接纳：接纳事物的本然状态，以更明智的方式与之相处，并采取适宜的行动。

（7）放下：不执着于结果或欲望，顺其自然地觉知内心的流动。

感觉、知觉与情绪

通过正念练习，我们能够清晰地觉察到感觉、知觉与情绪的流动。作为初学者，只需选择一个觉知对象作为参照物，便能观察到这种流动过程。当注意力游离时，不必自责，只需温和地将觉知重新带回观照对象。

觉知力：通过正念训练唤醒的能力

觉知力是一种可通过正念训练唤醒的能力，表现为对当下体验的专注与觉察。它是一种以开放、接纳和非评判的态度，关注当前感受、思维和情绪的意识状态。

觉知力的核心价值在于帮助个体深入体验内在世界，包括行为背后的动机、决策依据和判断标准，以及自身的信念、认知模式和思维框架。通过这种觉察，个体能够调整固有信念与认知，形成更具适应性的行为模式。同时，觉知力能够减少自动化反应和负面思维的干扰，增强对外界环境和内在体验的敏感度与理解力。研究表明，培养觉知力有助于缓解压力、焦虑和情绪困扰，从而提升幸福感、心理健康水平和整体生活质量。

图 5-1 展示了在地铁选座行为背后的心智模型，重点包括以下两点。

（1）社会性需求：对美德（如礼让、尊重等）的追求。

（2）**个体性需求**：对安全感（如舒适、隐私等）的满足。

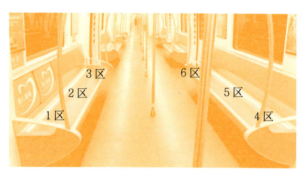

图 5-1　地铁选座的心智模型

图 5-2 揭示了在学习或工作情境下选座行为背后的心智模型，重点包括以下两点。

（1）**情境化决策依据**：不同情境下，行为背后的决策逻辑存在差异。

（2）**情感驱动因素**：同理心、羞愧心、愧疚心等情感在行为中扮演重要角色。

图 5-2　教室选座的心智模型

提升觉知力的两种方法

下面将介绍提升觉知力的两种方法——冥想与正念骑行。

冥想

冥想是提升觉知力的核心方法之一，其本质在于培养对当下体验的觉察能力。冥想的核心步骤包括以下 3 个。

（1）建立觉知：借助呼吸或声音与意识建立联系，专注于当下的感受。

（2）**扩展觉察**：将觉知扩展到日常生活中的任何事物，培养对周围环境的爱与慈悲。

（3）**非评判态度**：以友善、自爱和自我慈悲的态度对待所有体验，避免评判。

正念骑行

正念骑行是一种将觉知力融入日常活动的实践方法，具体步骤如下。

（1）起式

- 双手握住车把，双脚踏地，感受双手与车把的接触。
- 觉察双脚与地面的接触，以及身体的姿势。
- 关注胸腹随呼吸起伏的感觉，双眼平视前方。

（2）上车

- 留意上车时身体的整体动作过程，保持对每个动作的觉察。

（3）骑行

- 感受双手握住车把时的触觉，逐步觉察双前臂、肘关节、上臂和肩膀的感觉。

- 关注前胸、后背、腹部和臀部的动态感觉。
- 觉察双腿随着脚踏板上下起伏的运动，包括脚、小腿、膝盖和大腿的感觉。

（4）视觉专注

- 将注意力集中在路况上，保持对周围环境的觉察。

（5）感受环境

- 觉察风与身体接触的感觉，体验骑行中的自然元素。

（6）分神处理

- 当注意力分散时，温和地将注意力带回骑行体验中。

（7）停式

- 感受停车瞬间的呼吸与心跳变化。
- 觉察双手与车把、双脚与地面的接触，体验身体的静止状态。

心智模型

　　心智模型是指个体在心理层面对自我及外部世界的认知与理解方式，是信息加工与组织的内在框架。它涵盖了个体对自身、他人及环境的解释、思维、行动和观察等多维度的构建与表达。心智模型深刻影响个体的思维方式、情绪反应和行为选择，进而对其生活质量、心理健康和幸福感产生深远的影响（见图 5-3）。

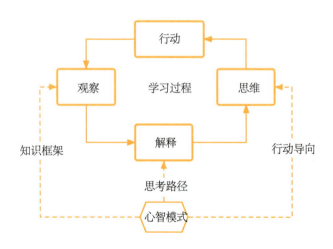

图 5-3　心智模型的运行机制

心智模型被视为个体对事件的解释方式，其核心包括认知三角中的核心信念与自动思维。通过识别并调整负面或歪曲的心智模型，个体可以有效改善情绪困扰与行为问题。因此，理解并优化心智模型是提升心理健康与应对挑战的关键。

认知三角

认知三角，即 ABC 理论，用于解释情绪与行为问题的成因。该理论包含三个核心要素：激发事件（Activating Event，A）、信念（Belief，B）和后果（Consequence，C）。

1. 激发事件

激发事件是指外部客观发生的情境或内部心理活动（如想法或感受等），它是触发个体情绪与行为反应的直接诱因。

2. 信念

信念是个体对激发事件的解释与评价，分为以下两类。

（1）基本信念：关于自我、他人及世界的根深蒂固的认知。

（2）中间信念：在具体情境下形成的相对灵活的认知。

信念是情绪与行为反应的桥梁，而非激发事件本身。

3. 后果

后果包括情绪反应、身体感受及行为表现。ABC理论强调，情绪与行为问题并非由激发事件直接引发，而是源于个体对事件的解释与评价。通过调整消极信念或歪曲信念，个体可以改善情绪困扰与行为问题。

心智模型的形成与重构

通过改变负面、歪曲或不合理的思维方式，我们可以改变对事件的情绪反应和行为模式。因此，个体识别并改变消极的自动化心智模型，可以改善心理健康水平，激发积极行为。

心智模型在学习过程中逐渐形成，并在特定情境中被自动激活。然而，在面对新情境时，个体的每一次思考都是重构心智模型的机会。

改变心智模型的两个练习

我们总是被"行为模式"自动导航，陷入"自动化模式"。通过正念训练，我们可以逐步将"存在模式"设置成默认的心智模型。

练习 1：观呼吸

1. 练习要义

（1）以呼吸为觉察对象。

（2）当感觉、知觉或情绪自然浮现时，不加评判地接纳，随后将注意力重新聚焦于呼吸。

2. 练习过程

这个简单的练习对缓解压力很有帮助。当你感到压力大时可以试一试，只要 5 分钟的时间，你就会发现压力开始消退。

（1）舒适地坐下来，保持头部、颈部与脊柱的自然直立、平稳，既不太僵硬也不太放松，处于两者之间的状态。这么做是为了保持清醒，又不过分紧张；保持自在，又不会放松到睡着。

（2）将注意力集中于腹部，将双手放在腹部感受呼吸时腹部的起伏。注意吸气时腹部如何鼓起，呼气时腹部如何收回。让腹部的起伏成为注意力的焦点，让呼吸按照它自己的方式和节奏自然进行，不要用任何方式改变它。

（3）尽可能保持腹式呼吸时的身体感觉，几分钟后，你可能会发现呼吸的节奏变得越来越自然。如果你觉知到其他感觉、知觉和情绪，这就是常说的分心。没关系，我们完全地接纳，保持开放与好奇的心态，注意这些想法和情绪是否以某种方式影响了你的身体，然后让注意力重新回到呼吸上。

练习 2：正念行走

1. 练习要义

（1）以行走为觉察对象。

（2）当感觉、知觉或情绪自然浮现时，不加评判地接纳，随后将注意力重新聚焦于行走。

2. 练习过程

与我们大多数人习惯的散步不同，正念行走是全然地感受你所在的地方，而不是要走去哪里。这个练习的目的是聚焦于简单的走路细节，例如，脚部抬起、移动的感觉，脚部再次与地面接触的感觉，一只脚抬起时另一只脚支撑身体的感觉，等等。

（1）设定30分钟的练习时间，选定一条长约5米的可以来回走动的通道。

（2）站在这条通道上，寻找双脚间的平衡。如果你觉得舒服，那么可以把眼睛闭上，更好地感受自己的脚踩在地面上，地面支撑着身体的感觉。看看自己是否可以在行走练习中保持这种脚掌与地面紧密连接的感觉。

（3）睁开眼睛，抬起一只脚，然后向前迈出一小步，注意每个动作所带来的感觉：抬脚、移动、落地，感受身体重量的转移。然后抬起另一只脚，再向前迈一小步，感受身体的重量转移到这只脚上，体会脚掌接触到地面的感觉。

（4）允许身体安然、自在。你并不需要盯着自己的双脚，不过注视双脚有助于你与每一步的感觉保持联结。眼睛可以轻轻地垂下来，注视前方的地面。当你到达通道的尽头，停下来保持1~2秒，然后转过身面向通道的另一端，注意自己是向左转的还是向右转的。暂停一下，然后慢慢地以正念的状态走回起点，觉察脚抬起和放下的感觉，以及身体重量转移的感觉。

（5）有些人发现，将呼吸与步伐相协调，有助于更好地专注于每一步；另一些人觉得，小步伐能更好地保持平衡感。有些人需要慢慢地走；而有些人觉得快步走感觉更好。倾听你身体的感觉，随着自己的节奏和方式来走。

案例分析

案例1

训练觉知力，识别心智模型

通过训练提升觉知力，个体能够在助人、自助的过程中识别并改变心智模型，从而激发积极行为，提升幸福感。以下是训练觉知力、识别心智模型的4个步骤。

第一步，感知行为：觉察自己的行为是什么。

第二步，觉知心智模型：探索行为背后的决策依据、判断标准和核心动机。

第三步，认知心智模型的成因：理解心智模型的形成过程及其影响因素。

第四步，改变或重构心智模型：通过积极行动，调整或重塑心智模型，以实现更积极的行为模式。

案例2

你以为你以为的就是你以为的吗

"自以为是"是指个体基于惯性心智模型所选择的设想或想象中的想法、路径、方向或结果。如何中断或重塑这种心智模型？以下是具体步骤。

第一步，觉知"自以为是"：首先觉察到自己所认定的"是"是什么。

第二步，精准描述"是"：用文字清晰地描述出这种认定的具体内容。

第三步，自我反问：质疑"你以为你以为的就是你以为的吗"。

第四步，模型疗法应用：根据第十章介绍的模型疗法，逐步实现心智模型的解构、重构和致知。

案例3

你觉知过你的语言及其背后的心智模型吗

语言是思想的根基，往往也是触发情绪和行为的导火索。觉知语言是认知思想的基础，也是改变认知的起点。

例如，一位母亲对孩子说："你做事总是三心二意，以后能做成什么事？"这句话背后的心智模型可以从以下3个方面理解。

（1）行为观察：母亲多次看到孩子未按她的期望行事。

（2）标准差异：母亲对"三心二意"的定义可能与孩子的理解不同。

（3）未来假想：母亲将对孩子当下行为的判断延伸为对其未来的负面预测。

对母亲的影响：母亲可能会继续强化这种批评模式，进一步影响亲子关系。

孩子的反应：孩子可能感到挫败或心生反抗，进而影响其自我认知和行为表现。

本章小结

尽管每个人都具有与生俱来的幸福力，但体验快乐和幸福感的程度存在差异，这种差异主要源于觉知力的不同。

如何提升积极心力？关键在于日常生活中对语言、行为和思想进行持续的过程性觉知和结果性觉知，从而围绕幸福目标不断优化自己的心智模型和行为模式。

人类有两种思考模式：快速、直觉的"系统 1"和缓慢、逻辑的"系统 2"。理解这两种系统如何相互作用，对于理解我们的心智模型至关重要。

—— 丹尼尔·卡尼曼

美国认知心理学家、诺贝尔经济学奖得主

第六章

皆有可能与思维模式

决定个体成就的并非天赋
与能力，而是追求目标过
程中展现的思维模式。

——卡罗尔·德韦克

美国心理学家

思维模式

思维模式是指人们在处理问题、解决困难或做决策时采用的一种固定的思考方式或方法。每个人都有自己独特的思维模式，其形成受经验、教育、文化等多重因素的影响。

德韦克认为，人们在面对问题时往往会受到自己固有的思维模式的限制，以致无法从不同角度去思考问题，从而限制了解决问题的可能性。因此，他提倡通过学习和训练来优化自己的思维模式，以便更好地应对各种挑战和问题。

在心理咨询与自我发展领域，识别个体的思维模式至关重要。因为它可以帮助人们意识到自己在处理问题时可能存在的局限性，并通过优化思维模式来寻找更有效的解决方案。

固定型思维与成长型思维

德韦克及其团队经过研究发现，人的晶体智力、创造力、运动才能与其他品质并不是与生俱来的固定特征。事实上，它们都是可以被塑造的，是可以通过努力去改变的。

德韦克指出，人们在处理问题时常受到自己固有的思维模式的限制，因此需要识别并改变这些固有思维模式。他提倡通过训练和实践来培养灵活、多样化的思维模式。

德韦克将思维模式分为两种——固定型思维和成长型思维。这两种思维模式在个体面对问题和挑战时会产生不同的影响。

固定型思维

固定型思维是指个体认为自己的能力、智力和技能是固定不变的，无法改变或提升。在这种思维模式下，个体往往会回避风险与挑战，因为他们认为自己无法凭借努力改变结果。他们可能会对批评或挑战产生防御性反应，避免尝试新事物或接受新观念。

成长型思维

成长型思维是指个体相信自己的能力和智力可以通过努力、学习和实践不断提升和发展。在这种思维模式下，个体更愿意接受挑战、面对失败，并从中学习和成长。他们将失败视为学习的机会，相信自己可以通过努力取得进步，并持久地保持积极向上的态度。

思维模式贯穿于我们生活的方方面面，无论是做决策、设定职业目标、维护亲密关系，还是扮演父母角色。我们的思维方式深刻地影响着我们对世界的看法，最终，我们的思维模式也会对周围的人产生影响。

在心理咨询与自我发展领域，了解个体的思维模式对于帮助他们应对挑战、解决问题至关重要。如果一个人持有固定型思维，咨询师可以通过引导和训练来帮助他们转变为成长型思维，从而更好地适应变化、克服困难，并实现个人发展和成长。具备成长型思维的个体具有更强的心理韧性，能更好地适应压力、应对挑战，保持心理健康。

扫码测评你的思维模式。

一切皆有可能

我们需要认识并接受一个事实：我们每个人都是成长型思维和固定型思维的结合体。尽管通过练习可以使思维更加灵活，但我们始终需要有意识地培养成长型思维。研究发现，具备成长型思维的个体在面对阻碍或挫折时，具有更强的心理韧性。正如德韦克所说，"一个人的真正潜力是未知的（也是不可知的），人们不可能预见自己经过多年的苦干与训练，能取得什么样的成绩。"

如表 6-1 所示，德韦克强调了 5 个关键领域——挑战、阻碍、努力、批评和他人的成功。在这些领域中，固定型思维和成长型思维所引发的行为往往存在明显差异。在固定型思维下，人们通常会以避免失败为出发点应对这 5 种情境；而在成长型思维下，人们的反应更多地源于对学习和进步的渴望。

表 6-1　固定型思维与成长型思维在 5 个关键领域的差异

领域	固定型思维	成长型思维
挑战	避免挑战，以维持聪明的形象	由于渴望学习而迎接挑战
阻碍	遇到阻碍与挫折时，通常的反应是放弃	遇到阻碍与挫折时，通常的反应是展现出百折不挠的精神
努力	尝试与付出努力被视为否定性的行为：如果你必须尝试，说明你不够聪明或不够有才华	艰苦奋斗，用努力为成功与成就铺平道路
批评	否定性的反馈无论多么有建设性，都会被忽略	批评提供了重要的反馈，能够对学习有所帮助
他人的成功	他人的成功被视作威胁，会引发不安全感或脆弱感	他人的成功可能是灵感与教育的源泉

资料来源：安妮·布洛克，希瑟·亨得利.成长型思维训练［M］.张伟，译.上海：上海社会科学院出版社，2018。

人的语言结构反映了思维模式。当觉知到语言中的限制性词语（如"不可能""总是""从来没有"等）时，就要找到此时此刻的思维"枷锁"，然后打开"枷锁"，赋予自己一个信念—— 一切皆有可能。

成长型思维训练

我们内心的声音常在脑海中萦绕。研究表明，这些内心的声音对我们的成功与失败具有深远的影响。20 世纪初，心理学家列夫·维果斯基将儿童的自言自语现象称为"私语"。在观察独自玩耍的儿童时，我们经常能听到他们叙述自己正在经历的事情，维果斯基认为这是儿童试图理解世界的一种方式。随着时间的推移，这种私语逐渐演变成一种内心独白或自我对话，帮助儿童组织思想、调节行为、发展自我意识。

自我对话在个体管理思维模式方面扮演着至关重要的角色。一旦个体能够区分两种思维模式的内在声音，便能够对这些声音进行调整和重构。

个体在区分固定型思维模式与成长型思维模式后，可通过神经可塑性训练实现思维模式转化，使成长型思维成为主导认知方式。神经可塑性指大脑通过经验与学习重塑神经连接的能力，其物质基础体现在以下神经机制中。

1. 神经元网络构建

人脑包含 1000 多亿个神经元，通过电化学信号传递信息。轴突作为信号输出通道，将电脉冲传递至目标神经元的树突（树状突触结构），经细胞体整合后继续传递。

2. 突触可塑性机制

学习过程通过"赫布定律"强化神经连接：重复激活的神经元集群会形成稳定的突触连接。高频使用的神经通路将发生髓鞘增厚、突触连接强化等适应性改变，表现为信息传递速度与效率的提升。

3. 认知优化的实证路径

教学中，教师可通过"神经元同步激活即连接形成"的具象化表述，帮助学生理解神经可塑性本质。这种生物学视角证明：通过定向训练建立新神经连接，任何人都能实现认知能力突破。

下文以学会打网球为范本，介绍如何制订成长型思维学习计划。

我的成长型思维学习计划：学会打网球

学习内容：掌握打网球的基本技巧和策略。

学习期限：6个月。

为了学好它，我需要以下资源：

（1）网球拍、网球及合适的运动服装；

（2）网球教练或在线教学视频；

（3）可预订的网球场地；

（4）计时器或运动手表，用于监控练习时间。

为了完成学习，我需要做以下事情：

（1）每周至少安排 3 次每次至少 1 小时的网球练习；

（2）参加网球课程，以获得专业指导；

（3）观看并分析专业网球比赛，学习顶尖选手的技巧。

我在学习中遇到的阻碍是：

（1）时间管理——难以找到合适的时间进行练习；

（2）场地限制——难以预订到网球场地；

（3）技术提升——在技术上遇到瓶颈，难以实现自我突破。

为了克服这些阻碍，我需要做到以下几点：

（1）制定严格的时间表，确保练习时长和频率不受影响；

（2）寻找替代练习场地，如公园或学校的运动场；

（3）参加网球训练营或寻求专业教练的指导，以提高技术水平。

如果我犯了错，我会：

（1）积极寻求教练或同伴的反馈，从中学习并改进；

（2）保持耐心，认识到学习过程中犯错是成长的一部分。

代表我固定型思维的声音也许会说："你已经不年轻了，学不会新东西了。"

代表我成长型思维的声音也许会回复："年龄不是问题，通过持续学习和练习，我可以不断提高。"

以下表现会让我知道自己有所成长：

（1）能够稳定地发球和接球；

（2）掌握了正手和反手击球的基本技巧；

（3）能够在实战中灵活运用不同的击球策略。

积极心力

我的成长型思维学习计划

学习内容：＿＿＿＿＿＿＿＿＿＿＿＿＿＿＿＿

学习期限：＿＿＿＿＿＿＿＿＿＿＿＿＿＿＿＿

为了学好它，我需要以下资源：＿＿＿＿＿＿

＿＿＿＿＿＿＿＿＿＿＿＿＿＿＿＿＿＿＿＿＿＿

为了完成学习，我需要做以下事情：＿＿＿＿

＿＿＿＿＿＿＿＿＿＿＿＿＿＿＿＿＿＿＿＿＿＿

我在学习中遇到的阻碍是：＿＿＿＿＿＿＿＿

＿＿＿＿＿＿＿＿＿＿＿＿＿＿＿＿＿＿＿＿＿＿

为了克服这些阻碍，我需要做到以下几点：＿

＿＿＿＿＿＿＿＿＿＿＿＿＿＿＿＿＿＿＿＿＿＿

如果我犯了错，我会：＿＿＿＿＿＿＿＿＿＿＿

＿＿＿＿＿＿＿＿＿＿＿＿＿＿＿＿＿＿＿＿＿＿

代表我固定型思维的声音也许会说：＿＿＿＿

＿＿＿＿＿＿＿＿＿＿＿＿＿＿＿＿＿＿＿＿＿＿

代表我成长型思维的声音也许会回复：＿＿＿

＿＿＿＿＿＿＿＿＿＿＿＿＿＿＿＿＿＿＿＿＿＿

以下表现会让我知道自己有所成长：

（1）＿＿＿＿＿＿＿＿＿＿＿＿＿＿＿＿＿＿＿

（2）＿＿＿＿＿＿＿＿＿＿＿＿＿＿＿＿＿＿＿

（3）＿＿＿＿＿＿＿＿＿＿＿＿＿＿＿＿＿＿＿

案例分析

案例1

"我没有数学天赋，
学不好数学"

个案背景

小华（化名），初中生，因数学考试失利形成自我否定认知（"我没有数学天赋"），采用成长型思维干预模型进行 3 次心理咨询。以下是咨询过程的关键记录与分析。

第一次心理咨询：打破自我设限

咨询目标：建立信任关系，识别固定型思维模式。

心理咨询师：小华，很高兴今天能和你聊聊。我了解到你在最近的数学考试中遇到了困难，感到沮丧，甚至认为自己没有数学天赋。首先，我非常理解你的感受。考试成绩不理想确实会让人失落，但我们可以一起探讨，看看能否找到新的思路和方法来帮助你更好地面对数学学习。

心理咨询师：小华，你觉得这次考试成绩不理想是什么原因？比如题目难度大、准备时间不充足，或者学习方法不合适？

小华：我觉得主要是没有数学天赋。我从小数学就不好，每次考试都不理想，感觉自己怎么努力都没用。

心理咨询师：我理解你的想法。很多人在遇到困难时都会觉得自己缺乏天赋，这是很自然的反应。不过，你有没有尝试过不同的学习方法？比如做一些有趣的数学题，或者和同学一起讨论解题思路？

小华：我试过，但效果不明显。我觉得数学太难了，自己理解不了。

心理咨询师：我能感受到你的挫败感。但你知道吗？数学就像一座山，虽然看起来高不可攀，但只要找到合适的路径，一步步向上攀登，就一定能到达山顶。或许这次考试不理想是因为我们还没找到最适合你的学习方法。

小华：可是我已经试了很多方法，还是不行。

心理咨询师：我明白你很努力，但每个人的学习方式不同。有些人需要更多练习，有些人需要更详细的讲解。学习数学需要时间和耐心。我们可以一起探索更适合你的方法。

1. 引入成长型思维

心理咨询师：小华，你知道托马斯·爱迪生吗？他发明电灯前失败了上千次，但他从未放弃，而是从每次失败中学习。他说，"我没有失败，我只是找到了一万种行不通的方法。"你觉得这和你现在的处境有什么相似之处吗？

小华：我明白他的意思，但他是天才，我只是普通学生。

心理咨询师：爱迪生曾说，天才是 1% 的灵感加上 99% 的汗水。他并非天生成功，而是通过努力和坚持取得了成就。你也在努力，只是需要找到更适合的方法。很多人都在学习数学上遇到过困难，但他们最终都克服了。

小华：我该怎么做？

心理咨询师：首先，我们可以分析这次考试中你遇到的问题，列出困惑的知识点，一步步解决。其次，尝试新的学习方法，比如有趣的数学题或学习小组。最重要的是，不要给自己贴上"没有天赋"的标签，要相信自己有能力克服困难。

2. 总结与鼓励

心理咨询师：小华，记住，每个人都有独特的学习节奏。数学不是不可逾越的高山，而是一个需要探索的领域。这次考试只是一个小挫折，它不能定义你的能力。我相信，只要你愿意尝试和坚持，一定能在数学学习上取得进步。我们一起努力，好吗？

小华：好的，我愿意试试。

心理咨询师：太好了！下次咨询时，我们可以制订一个学习计划，一步步帮你克服困难。今天先到这里，你可以回去想想考试中哪些地方让你困惑，我们下次详细讨论。

第二次心理咨询：重构学习系统

咨询目标：建立成长型思维，制定个性化学习方案。

心理咨询师：小华，很高兴又见到你。上次我们聊了很多关于数学学习的事情，也提到你想尝试新方法来克服困难。这周你有什么新的想法或感受吗？我们可以从上次提到的困惑开始，看看能否找到解决方法。上次你提到这次考试中有些题目让你困惑。这周你有没有回顾这些题目，或者尝试用不同的方法理解它们?

小华:我看了错题,但还是觉得很难。有些题目看了答案也不明白。

心理咨询师:这很正常。解数学题有时需要更多时间和合适的策略。我们可以一起分析这些题目,找到突破点。

1. 具体分析问题

心理咨询师:你可以把困惑的题目拿出来,我们逐个分析。是哪些知识点让你觉得难以理解?是概念不清楚,还是解题步骤不熟悉?

小华:比如几何题,我总是搞不懂怎么证明两个三角形全等。我看了书上的定理,但还是不知道怎么用。

心理咨询师:这是个常见问题。我们可以从基础开始,复习全等三角形的判定定理,然后通过简单题目练习,逐步熟悉定理的运用。

2. 引入成长型思维

心理咨询师:小华,学习数学就像拼拼图,一开始可能看起来很复杂,但只要找到每块拼图的位置,画面就会清晰起来。你遇到的困难是一个学习机会,我们可以把它当作挑战，而不是阻碍。

小华：可我还是有点害怕，怕自己做不到。

心理咨询师：这是正常的。但记住，每个人在学习中都会遇到困难，关键是我们如何面对它。如果你觉得自己做不到，可能是因为还没找到合适的方法。我们可以一起探索适合你的学习方式。

3. 制订学习计划

心理咨询师：为了帮助你更好地克服困难，我们可以制订一个学习计划。比如每天花20分钟复习基础知识，再做几道练习题。循序渐进，你会发现自己慢慢在进步。

小华：好的，我可以试试。

4. 鼓励与总结

心理咨询师：小华，学习数学需要时间和耐心。你已经迈出了重要的一步，愿意面对困难而不是逃避。我相信，只要你愿意尝试和坚持，一定能在数学学习上取得进步。

小华：谢谢您，我感觉自己有点信心了。

心理咨询师：没问题。下次咨询时，我们可以看看学习计划的执行情况，讨论你在学习中遇到的新问题。这周你先按照计划试试，好吗？

小华：好的，我会努力。

心理咨询师：太棒了！我相信你一定可以。这周加油，我们下次见！

第三次心理咨询：巩固成长型思维模式

咨询目标：建立自我调节机制，预防反复。

1. 回顾进展，增强信心

心理咨询师：小华，你好！很高兴看到你今天精神状态不错。上次我们聊到你已经开始按照计划复习数学，并尝试解决问题。这段时间下来，你觉得自己在数学学习上有什么变化吗？

小华：我发现几何题没那么可怕了。上次我们一起复习了全等三角形的定理，我从简单题目开始做，现在能独立完成一些基础题了。

心理咨询师：这太棒了！你看，你已经开始取得进步了。这说明你完全有能力克服困难。这种进步不仅体现在考试成绩上，更重要的是，你在面对数学时的心态也在慢慢改变，对吧？

小华：是的，我感觉自己没那么害怕学数学了。

虽然有些难题我还是不会做，但我不再像以前那样直接放弃了。

心理咨询师：这就是成长型思维的体现！你开始相信，通过努力，找到方法，自己是可以进步的。这种心态非常重要，它会帮助你在未来的学习中走得更远。

2. 分析困难，继续探索

心理咨询师：除了进步的部分，你有没有遇到什么新的困难呢？我们可以一起看看怎么解决。

小华：我觉得有些应用题还是不太会做，尤其是需要把文字转化为数学公式的题。我总是不知道该怎么下手。

心理咨询师：这是一个常见问题。我们可以从以下几个方面解决。首先，多读几遍题目，标记关键信息。其次，尝试把文字描述转化为数学语言，比如列出已知条件和需要求解的问题。最后，多做类似题目，熟悉解题思路。我们可以找一些这类题目，一起练习。

小华：好的，我可以试试。

3. 强化成长型思维

心理咨询师：小华，你现在已经迈出了重要的一步——不再轻易给自己贴上"学不好数学"的标签，而是积极寻找解决问题的方法。这种心态转变比成绩进步更重要。你开始相信，通过努力，找到方法，自己是可以不断提升的。

小华：是的，我感觉自己现在更愿意去尝试了，而不是一开始就放弃。

心理咨询师：这就是成长型思维的力量！它会让你在面对困难时更有勇气，也会让你在解决问题后更有成就感。我希望你能继续保持这种心态，不仅在数学学习中，也在其他方面。

4. 总结与鼓励

心理咨询师：小华，今天我们回顾了你这段时间的进步，也分析了你遇到的新问题。我想让你记住，学习是一个不断探索的过程，遇到困难是正常的，关键是我们怎么去面对它。你已经做得很好了，我相信你未来会取得更大的进步。

小华：谢谢您，我感觉自己现在更有信心了。

心理咨询师：不客气，小华。记住，成长型思维会是你未来学习和生活中最重要的财富。无论遇到什么困难，都不要轻易放弃，相信自己有能力去克服它。这次咨询虽然结束了，但你的学习旅程还在继续。如果未来你有任何问题，随时可以来找我。

小华：好的，我会的。谢谢您的帮助！

心理咨询师：不用谢，小华。我很高兴能和你一起走过这段旅程。希望你未来一切顺利，再见！

小华：再见！

咨询总结

通过3次咨询，小华从最初的固定型思维——"我没有数学天赋，学不好数学"，逐渐转变为成长型思维——"我可以尝试不同的方法，通过努力克服困难"。这种心态转变不仅让他在数学学习上取得了进步，更重要的是，他开始相信自己的潜力，愿意主动面对挑战。希望小华能将这种成长型思维延续到未来的学习和生活中，不断取得进步。

案例2
"我是个失败者，什么都做不成"

个案背景

小刚（化名）在创业失败后陷入自我怀疑，认为自己是个失败者，什么都做不成。通过心理咨询，他逐渐从固定型思维转向成长型思维，重新找到了前进的动力。

第一次心理咨询：思维模式的重构路径

1. 倾听与共情

心理咨询师：小刚，很高兴今天能和你聊聊。上次你提到创业遇到挫折，感到非常沮丧，甚至觉得自己是个失败者。我非常理解你的感受，创业确实充满挑战，遇到挫折是很正常的。我们可以一起探讨，看看能否从这次经历中找到新的视角和方法，帮助你重新振作起来。

小刚：我的创业项目是个小咖啡馆，本以为会很受欢迎，但开业后生意一直不好。我投入了很多资金和精力，最终还是失败了。我觉得自己没有商业头脑，什么都做不好。

咨询师：我能感受到你的失落和沮丧。创业确实不易，尤其是当努力没有得到预期回报时。但失败并不意味着你是失败者，它只是说明这次尝试没有达到预期结果。

2. 引入成长型思维

心理咨询师：你知道吗？很多成功的企业家都经历过失败。比如，乔布斯曾被苹果公司辞退，但他没有放弃，而是创立了皮克斯动画工作室，并最终重返苹果公司，带领公司走向新的高度。你觉得他的经历和你有什么相似之处吗？

小刚：我知道他失败过，但我觉得他是个天才，我只是个普通人，没有他那种能力。

心理咨询师：乔布斯的成功并非天生的，而是源于不断尝试、学习和改进。他把失败看作学习的机会。你也可以像他一样，从这次失败中总结经验，而不是给自己贴上"失败者"的标签。

3. 分析失败的原因

心理咨询师：我们可以一起分析这次创业失败的原因。是市场定位不准确，还是营销策略有问题？或者其他原因？

小刚：我觉得可能是市场调研不够，没有真正了解顾客需求。另外，资金管理也有问题。

心理咨询师：这些都是具体问题，但都可以通过学习和改进来解决。比如，下次创业前，你可以更深入地做市场调研，学习财务管理知识。失败只是告诉我们哪些地方需要改进，而不代表我们不行。

4. 制定新的目标

心理咨询师：既然我们找到了一些可以改进的地方，那我们可以一起制定新的目标。比如，先学习市场调研和财务管理知识，然后再考虑下一步行动。你觉得如何？

小刚：我觉得可以试试，但我不知道从哪里开始。

心理咨询师：没关系，我们可以慢慢来。你可以先找一些相关书籍或在线课程，系统地学习这些知识。同时，也可以和有经验的创业者交流，听听他们的建议。

5. 鼓励与总结

心理咨询师：小刚，失败只是暂时的，它并不能定义你。这次创业虽然没有成功，但你已经积累了宝贵的经验。这些都是未来的财富，可以帮助你做得更好。

小刚：我好像有点明白了，失败确实让我学到了很多东西。

心理咨询师：成长型思维就是相信自己可以通过

努力和学习不断进步。这次创业只是你人生旅程中的一次尝试，它不能决定你的未来。我相信，只要你愿意，你一定能找到属于自己的成功之路。

6. 结束语

心理咨询师：今天我们就先聊到这里。你可以回去整理一下失败的原因和改进的方向，我们下次再详细讨论。希望你能保持积极的心态，相信自己有能力克服困难。下次见！

小刚：好的，谢谢您的鼓励，我会试试的。

第二次心理咨询：行为转化与巩固

1. 回顾与进展评估

心理咨询师：小刚，上次我们提到你要从失败中总结经验，并尝试学习新知识。这段时间你有没有什么新的进展？

小刚：我开始看一些关于市场调研和财务管理的书，也听了一些在线课程。虽然还没完全掌握，但感觉自己对这些知识有了初步了解。

心理咨询师：这太好了！你已经开始行动了，这就是很大的进步。你能分享一下学习中的收获吗？

小刚：我发现市场调研很重要，原来我之前没有真正了解顾客需求，导致咖啡馆定位不准确。现在我知道了，下次创业前一定要做好充分的市场调研。

2. 深入探讨成长型思维

心理咨询师：上次我们提到，失败并不代表我们不行，而是一次成长的机会。你现在有没有更深刻的感受？

小刚：是的，我现在觉得失败并不可怕。虽然之前觉得自己是个失败者，但这次经历让我学到了很多东西。我开始相信，只要我愿意学习和改进，就一定能做得更好。

心理咨询师：这太棒了！你已经开始从固定型思维转变为成长型思维。这种心态的转变非常重要，它会让你在未来面对困难时更有勇气和信心。

3. 制订行动计划

心理咨询师：既然你已经开始学习新知识，那我们可以一起制订一个更具体的行动计划。比如，设定一个短期目标，在一个月内完成一个完整的市场调研计划。你觉得如何？

小刚：好的，我可以先从调研本地咖啡市场开始，了解顾客需求和竞争对手情况。

　　心理咨询师：你可以把调研计划分成几个步骤：确定目标和方法、收集数据、分析数据并总结结果。这样一步步来，你会更有条理，也能更好地完成目标。

4. 强化成长型思维

　　心理咨询师：我想再和你分享一个故事。你知道迈克尔·乔丹吗？他被公认为篮球史上最伟大的球员之一，但高中时他曾被篮球队裁掉。但他没有因此放弃，而是通过不懈努力，最终成为篮球界的传奇。他的成功并非天生，而是因为他相信自己可以通过努力不断进步。

　　小刚：我知道这个故事。我现在觉得，失败并不可怕，可怕的是放弃。

　　心理咨询师：说得好！失败只是告诉我们哪些地方需要改进，而不代表我们不行。你已经迈出了重要的一步，开始从失败中学习，并制定了新的目标。我相信，只要你保持这种成长思维，就一定能实现自己的目标。

5. 总结与鼓励

心理咨询师：今天我们回顾了你的进步，也一起制订了未来的行动计划。我想让你记住，成长型思维是你未来最重要的财富。无论遇到什么困难，都不要轻易放弃，要相信自己有能力去克服它。

小刚：谢谢您，我现在感觉更有信心了。

心理咨询师：不客气，小刚。我很高兴看到你的成长和进步。这次咨询虽然结束了，但你的成长旅程还在继续。如果未来你有任何问题，随时可以来找我。

小刚：好的，我会的。谢谢您的帮助！

心理咨询师：希望你未来一切顺利，再见！

小刚：再见！

咨询总结

通过 2 次咨询，小刚从最初的固定型思维——"我是个失败者，什么都做不成"，逐渐转变为成长型思维——"我可以从失败中学习，不断进步"。这种心态的转变不仅让他积极面对创业挫折，还让他学会了从失败中吸取经验与教训，并制订了具体的行动计划。希望小刚能将这种成长型思维延续到未来的生活和事业中，不断进步。

本章小结

成长型思维和固定型思维对个体的成长有着截然不同的影响。成长型思维能够激发个体的潜力，帮助他们在面对困难时不轻易放弃，而是通过持续的努力实现自我提升。而固定型思维则容易让人陷入自我设限的困境，限制了个体的发展。培养成长型思维，不仅有助于个体在学业和事业上取得更好的成绩，更能帮助他们在生活中保持积极乐观的态度，勇敢地面对各种挑战。

培养成长型思维的关键是
要相信自己的能力可以通
过努力和学习得到提升。
个体应该将失败看作学习
的机会，而不是对自身能
力的否定。

——卡罗尔·德韦克
美国心理学家

第七章

自得其乐与心流技术

心流是意识和谐有序的一
种状态，个体心甘情愿、
纯粹无私地去做一件事，
不掺杂任何其他企求。

——米哈里·契克森米哈赖

积极心理学代表人物

自得其乐是一种可以塑造的品格

每个人都具有探索未知的好奇心，这是人类积极天性的体现。自得其乐是指个体通过自主设定目标，将注意力集中于目标实现过程，并排除无关干扰。这种状态依赖于持续的自我调控，使个体在行动过程中或达成目标后获得满足感。无论是在工作中还是在生活中，即便是最单调的任务，也能通过自得其乐的方式获得幸福感。

自得其乐的品格可以通过系统训练来塑造。虽然获得快乐和幸福感的途径多样，但最有效的方法是在所从事的活动中获得成就感和满足感。自得其乐者的显著特征是能够在常人难以忍受的环境中寻找到乐趣。其核心能力在于将客观条件转化为可控的主观体验，并运用心流技术来指导行动。

心流技术

心流是指个体在自发状态下对某项活动产生强烈兴趣，完全沉浸其中，忽略外界干扰的状态。这种状态被称为最优体验。

根据米哈里·契克森米哈赖的研究，能够引发心流体验的活动通常具备以下 5 个特征。

（1）自主性。自主性是指活动是个体自主选择、决定或设定的目标。

（2）专注度。专注度是指个体的注意力高度集中于当前活动，能够区分任务与情绪，避免分心。

（3）挑战性。当活动难度适中时，个体既不会因活动过于简单而产生无聊感，也不会因活动过于困难而产生挫败感。个体可以通过调整活动要素来持续增加挑战性。

（4）目标明确。目标明确是指活动具有清晰的目标，且目标符合 SMART 原则（将在下文详细介绍该原则）。

（5）即时反馈。即时反馈是指及时评估活动成果，获得即时反馈。

通过运用心流技术，个体可以在生活、学习和工作中塑造自得其乐的品格，从而获得最优体验。

SMART 原则

SMART 原则是一种目标设定和管理方法，包含具体（Specific，S）、可衡量（Measurable，M）、可实现（Achievable，A）、相关（Relevant，R）和时限性（Time-bound，T）5 个要素。这些要素有助于确保目标清晰、可操作，并促进成功实现。

（1）具体性。目标应清晰明确，避免模糊表述。例如，将"提高销售额"转化为"每月销售额增长至少 10%"。

（2）可衡量性。目标需具备量化标准，以便追踪进展和评估成果。例如，将"提高员工满意度"转化为"员工满意度调查得分提升至少 5 分"。

（3）可实现性。目标应具有挑战性但切实可行，需考虑资源、时间和能力等因素。例如，设定销售增长目标时需评估市场环境和竞争态势。

（4）相关性。目标应与组织或个人的长期愿景和战略方向一致，对整体绩效有积极影响。

（5）时限性。目标需设定明确的时间节点，便于进度监控。

遵循 SMART 原则，个人和组织能够更有效地规划、执行和评估工作，最终实现预期目标。

案例分析

（1）自主选择。要在洗碗过程中体验心流，首先需要选择主动参与这项任务，并确保将碗洗干净，确保每次使用时都能放心。

（2）设定目标。明确洗碗的目标，如清洁程度，确保每个碗都达到预期标准。

（3）洗碗流程。将洗碗过程分为几个步骤，依次进行，确保每个步骤都清晰明确，避免遗漏或重复。

（4）不断优化。在完成目标后，反思并优化洗碗流程，尝试通过调整时间或方法提高效率，缩短完成时间。

（5）分享经验。将洗碗的心得分享给身边的人，通过他们的反馈增加乐趣，同时也能进一步提升自己的洗碗技巧。

案例2

如何营造和谐的家庭环境，让家庭成员有最优体验

研究表明，父母与孩子的互动模式对孩子的性格发展有深远的影响。一个理想的家庭环境能为孩子提供最优体验，通常具备以下 5 个特征。

（1）清晰。孩子能明确了解父母的期望和家庭规则，家庭成员的目标和反馈清晰明确。

（2）重视。孩子感到父母对他们当前活动和体验的兴趣，而非仅关注其学业或职业成就。

（3）选择。孩子拥有广泛的选择权，包括不遵从父母意见的自由，但需承担相应后果。

（4）投入。孩子有信心全身心投入感兴趣的活动中，无须防备。

（5）挑战。父母为孩子提供逐步升级的复杂活动，促进他们的成长。

这些特征共同构成了"自成目标的家庭环境"，与心流体验密切相关。在这样的环境中成长的孩子，通常能更好地掌握生活节奏，享受心流状态。此外，这种环境能为家庭成员补充心理能量，增强对各种活动的兴趣，减少因规则和控制权产生的争执，让孩子自由发展，这有助于孩子扩展兴趣。

案例3

外卖配送员如何在每天重复的工作中进入心流状态

以外卖配送员为例，通过以下策略在重复的工作中进入心流状态。

（1）自主选择。虽然任务由系统分配，但外卖配送员可以自主选择接单时间段和区域，优先选择熟悉或喜欢的区域。

（2）设定目标。设定每日目标，如完成特定数量的订单或在特定时间内完成配送，增加工作的自主性和目标感。

（3）专注任务。减少干扰，关闭不必要的手机应用和通知，选择安静的时间和区域配送，提高专注力。

（4）即时反馈。每次完成订单后，记录完成时间或评估表现，利用系统反馈（如订单完成率、客户评价等）调整工作方式。

（5）挑战自我。通过提升配送技能（如熟悉路线、提高驾驶技巧等）和接受难度更高的任务（如复杂天气条件下的配送等），增加工作挑战性。

通过这些方法，外卖配送员可以在重复的工作中进入心流状态，提高工作效率和满意度。

案例4

如何在枯燥、琐碎、重复的工作中进入心流状态

以公司前台服务人员为例，通过以下方法将心流理论应用于日常工作中。

（1）自主性。个体设计个性化的自我介绍，优化工作流程，提出改进建议，如引入新的接待系统或优化文件管理等。

（2）专注任务。个体根据任务的紧急程度和重要性制订工作计划，优先处理重要任务，利用番茄工作法等时间管理技巧保持专注。

（3）明确目标。个体设定每日具体目标，如"确保所有电话在响铃 3 次内接听"或"所有访客登记表实现电子化"，并将目标可视化。

（4）即时反馈。个体使用工作日志记录表现，定期与同事交流，获取反馈，讨论改进措施。

（5）挑战自我。个体每周学习一项新技能，如新语言问候语或办公软件使用技巧等，主动参与跨部门项目，如协助人力资源或市场营销部门。

（6）优化环境。个体营造个性化工作空间，利用技术工具（如 CRM 系统）提高工作效率和客户满意度。

（7）个人成长。个体与上级讨论职业发展路径，参加工作坊或在线课程，提升专业技能和行业知识。

通过这些策略，公司前台服务人员可以在日常工作中提升自主性、专注度、目标感，从而更容易进入心流状态，提高工作满意度和效率。

案例5

如何在兴趣爱好中通过心流体验实现自我提升

小可自幼对绘画艺术充满向往，渴望成为具有艺术家气质的人。基于这一理想，她主动开启绘画学习之旅。这一过程体现了心流体验的 5 个核心特征。

（1）自主性：完全基于个人兴趣选择发展方向。

（2）专注度：绘画时全神贯注，完全沉浸其中。

（3）挑战性：持续提升技艺，追求独特艺术表达。

（4）目标导向：制定符合 SMART 原则的明确目标。

（5）即时反馈：通过作品完成度和他人评价获得正向激励。

通过系统运用心流技术，小可不仅深化了艺术造诣，更培养了积极乐观的生活态度。

本章小结

心流技术的核心在于通过结构化方法培养自得其乐的品格。其实现路径包括以下 4 点。

（1）目标体系构建：确立总体目标并分解为可执行的子目标。

（2）评估机制建立：制定目标进展的评估标准。

（3）专注力培养：保持对当前任务的专注，逐步细化挑战。

（4）技能提升：持续发展应对挑战所需的能力。

精神健康的人总是努力地
工作及爱人。只要能做到
这两件事，其他事就没有
什么困难了。

——西格蒙德·弗洛伊德
心理学家、精神分析学派创始人

第八章

走出困扰与
理性情绪行为疗法

人不是受事情的困扰，而是受到他们对这些事情的看法的困扰。

——阿尔伯特·埃利斯
心理学家、理性情绪行为疗法创始人

理性情绪行为疗法

情绪可以被视为一条围绕基线上下波动的动态平衡曲线。情绪长时间持续偏离基线，无论是处于上方（表现为正向情绪，如兴奋、激动）还是下方（表现为负向情绪，如焦虑、抑郁），都可能引发情绪困扰。那么，如何有效应对情绪困扰，实现积极的思考与行动呢？

阿尔伯特·埃利斯开创的理性情绪行为疗法（Rational Emotive Behavior Therapy，REBT）是一种有效的心理干预技术，旨在帮助个体摆脱情绪困扰，追求幸福生活。REBT 的核心理论认为，个体的情绪困扰并非直接由外部事件（即诱发性事件：A）引发，而是源于个体对这些事件的认知、观念或信念（即信念：B）。这些信念进一步影响个体的情绪反应和行为（即感受和行为：C），可能表现为健康的负性情绪（如遗憾、困惑等）或不健康的负性情绪（如抑郁、愤怒等）。因此，要改变感受和行为，关键在于识别并调整信念。通过质疑和修正非理性信念，个体能够实现情绪调节，从而以更适度的方式应对生活中的各种情境。

REBT 应用范式

以下通过一个具体案例，展示 REBT 理论的实际应用步骤。

第一步：觉知此刻的感受和行为（C），运用 REBT 来找出诱发性事件（A）

诱发性事件（A）	感受和行为（C）
孩子吃早餐时拖延，只吃了一小部分食物就去上学了	孩子的母亲因此感到愤怒和焦虑，整天忧心忡忡

第二步：找出导致此刻感受和行为的诱因，即信念（B）

诱发性事件（A）	信念（B）	感受和行为（C）
孩子吃早餐时拖延，只吃了一小部分食物就去上学了	孩子的母亲认为，孩子必须吃好早餐才能营养均衡，否则会影响身体发育，甚至导致身高不足	孩子的母亲因此感到愤怒和焦虑，整天忧心忡忡
孩子经常只吃一点早餐，剩下很多食物	自动化的信念	孩子的母亲花了心血，没得到期待的结果

第三步：识别并反驳非理性信念

我们的思考、感觉和行动，其实都是受信念的驱使。正是因为信念的不同，我们才会产生情绪的波动，甚至形成情绪困扰。常见的负性情绪困扰包括但不限于以下几点：（1）过分烦躁（紧张、沮丧、恼火、担惊受怕等）；（2）过分生气（戒备、被激怒、暴跳如雷等）；（3）过分抑郁（无精打采、一蹶不振、郁郁寡欢等）；（4）过分内疚（悔恨、自责等）。

以上几种常见的负性情绪困扰都源于"过分"。所谓过分，是指个体心平气和的常态被打破，根据自己的觉知与判断，产生过激的感受或行为。

那么，如何让自己保持心平气和的常态呢？这就要求我们学会捕捉信念。信念是先于念头、先于想法，并且在一定的情境中自动化呈现的，也叫作自动化思维。信念分为理性信念和非理性信念。

理性信念会引起人们对人、事或物产生适当与适度的情绪反应。当人们按理性信念去思考、感觉、行动时，就会是健康和行之有效的。

非理性信念会导致不适当的情绪和行为反应。当人们坚持某些非理性信念，长期处于不良的情绪状态时，将会产生情绪困扰甚至心理障碍。

非理性信念通常具有以下 3 个特征。

（1）绝对化要求：如"孩子必须吃完所有早餐"。

（2）过分概括化：如"不吃好早餐就会导致营养不良"。

（3）糟糕至极的预测：如"身高不足将影响孩子的未来"。

针对上述信念，可以通过以下 3 种方式进行反驳。

（1）现实检验：吃好早餐并不等于必须吃完所有食物。

（2）逻辑分析：营养均衡与身高发育之间并无必然的因果关系。

（3）实用性评估：过度焦虑和愤怒并不能解决问题，反而可能破坏亲子关系。

第四步：形成新的理性信念与情绪状态

通过反驳非理性信念，母亲可以形成新的理性信念，示例如下。

（1）理性信念：孩子只需摄入适量营养即可，不必强迫其吃完所有食物。

（2）新的情绪状态：母亲不再因孩子未吃完早餐而感到愤怒，能够以更平和的心态看待孩子的饮食行为。

REBT 强调，情绪困扰的根源在于个体的信念系统。通过识别和修正非理性信念，个体能够实现情绪调节，从而以更健康的方式应对生活中的挑战。这一过程不仅有助于缓解情绪困扰，还能提升个体的幸福感和生活质量。

REBT 提供了一种系统化的方法，帮助个体识别并修正非理性信念，从而实现情绪调节和行为改变。通过持续的练习和应用，个体能够逐步摆脱情绪困扰，迈向更加幸福和充实的生活。

REBT 应用范式练习

诱发性事件	感受和行为	信念		反驳非理性信念	新的状态
		理性信念	非理性信念		

10 条常见的非理性信念

常见的 10 条非理性信念如下。

1. 过度关注他人评价。个体过分在意他人对自己的看法。

2. 完美主义倾向。个体认为在重要任务（如工作、学业、体育、性生活、人际关系等）中绝不能失败，否则将无法承受后果。

3. 控制欲过强。个体认为人和事都应按照自己的期望发展，否则情况将变得极其糟糕，难以忍受。这种思维常表现为"如果他总是……，我无法忍受"或

"当……时，我会崩溃"。

4. 归咎于他人。个体当遭遇不愉快（如不被喜欢、失败或结果不如预期）时，个体倾向于责怪他人，认为他们本应做得更好。

5. 过度担忧。个体认为对未来的担忧会带来更好的结果。实际上，这种担忧往往无助于解决问题，反而会引发不必要的焦虑。

6. 追求完美解决方案。个体认为每个问题都有完美的解决方法，并且这些方法能被立即找到。这种思维可能导致决策困难，因为每个选择都可能存在负面影响。

7. 逃避责任。个体认为逃避困境和责任比面对它们更容易。这种合理化行为可能导致自我欺骗，使个体误以为逃避是合理的。

8. 情感疏离。个体认为保持情感上的距离可以带来持久的快乐。

9. 过去决定现在。个体认为过去的事件（如童年经历、恋情或工作等）完全决定了当前的情感和行为。

10. 对不公的抗拒。个体认为坏人坏事不应存在，当它们存在时，感到无助和困惑。这种思维忽略了我们对事件的看法（B）在很大程度上决定了我们的情感和行为（C），而非事件本身（A）。

这些非理性信念揭示了人们在思维模式中常见的误区，通过识别和调整这些信念，我们可以拥有更健康的心理状态和行为方式。

非理性逻辑的案例分析

非理性逻辑 1：随意推论

随意推论是指在没有充分和相关证据的情况下，草率地得出结论。这种认知歪曲通常表现为"灾难化"思维，即对某一情境做出最坏的预期。

案例

小明在工作中犯了一个错误，导致项目延误。他开始自责，并认为自己是个失败者。在没有充分证据的情况下，他推测这个错误会导致他被解雇，进而失去工作并再也找不到好工作。这种悲观的想法使他感到绝望和沮丧，无法集中精力解决问题。

分析

小明的行为是典型的随意推论。他没有基于事实的证据，而是过度悲观地预测未来，这种思维模式严重影响了他的情绪和行为，影响了他有效解决问题的能力。

建议

通过识别和纠正这种随意推论的倾向，个体可以学会用更客观和理性的方式看待问题，从而更好地应对困难和挫折，避免陷入消极情绪和行为循环。

非理性推理 2：选择性断章取义

选择性断章取义是指仅根据事件的部分细节下结论，而忽视整体背景的重要性。这种思维方式往往导致个体过分关注失败和负面事件，而忽视成功和积极方面。

案例

小红是一位成功的企业家，她经营的公司取得了一定的成就。然而，每当遇到挑战时，她总是过分关注自己的错误和弱点，而忽略自己的成功和成就。例如，当公司销售业绩下滑时，她将其归咎于自己管理不善，而忽略市场环境等外部因素。

分析

小红的选择性断章取义导致她对自己过于苛刻，影响了她的自我评价和情绪状态。

建议

帮助个体认识到这种认知偏见，并引导他们从更全面的角度评估自己的能力和价值，这可以促进个体形成更积极的心态，促进个人成长。

非理性推理 3：过分概括化

过分概括化是指将某一特定事件的不合理信念不恰当地应用到其他不相关的情境中。

案例

小李在一次面试中被拒绝后，产生了"我永远无法得到工作"的想法。随后，他在另一次面试中因紧张表现不佳，因而再次被拒绝。小李开始过分概括化，认为自己无论参加多少次面试都会遭到拒绝。

分析

小李将一次面试失败的经验过度泛化，影响了他对未来求职的信心和表现。

建议

通过识别和挑战这种不合理的信念，个体可以建立更积极和客观的思维模式，从而更好地应对挫折和困难。

非理性推理 4：扩大与贬低

扩大与贬低是指过度强调或轻视某一事件或情况的重要性。

案例

小玲在一次考试中得了 B 的成绩，尽管这在班级中是中等水平，她却过度放大了这一事件的重要性，认为自己是个失败者，忽视了其他科目的优秀成绩。

分析

小玲的扩大与贬低导致她对自己过于苛刻，影响了她的自我评价和情绪状态。

建议

引导个体更客观地看待事物，平衡正面与负面因素，可以帮助他们建立更合理和积极的思维模式。

非理性推理 5：个人化

个人化是指个体倾向于将外在事件与自己关联，即使没有合理的理由。

案例

小明在公司听到同事讨论新项目的挑战时，认为同事是在暗示他无法胜任这个项目，从而感到焦虑和自卑。

分析

小明的个人化倾向导致他过度解读外部事件，影响了情绪和工作表现。

建议

帮助个体更客观地看待外部事件，并意识到这种不合理的联系，可以让其减少不必要的焦虑和自卑感。

非理性推理 6：乱贴标签

乱贴标签是指个体根据过去的不完美或过失来决定自己的身份认同。

案例

小明在一次期末考试中得了 C 的成绩，尽管成绩已达到及格，他却为自己贴上"失败者"的标签，这影响了他的学习动力和情绪状态。

分析

小明的乱贴标签导致他过度强调单一事件，影响了其自我评价和情绪状态。

建议

帮助个体从更全面的角度看待自己，并避免根据用单一事件定义自己，可以促进其拥有更健康的学习态度和情绪状态。

非理性推理 7：极端化思考

极端化思考是指采用全或无的方式来看待事物，缺乏灰色地带的认知。

案例

小明在一次工作汇报中受到批评后，认为自己是个"彻底的失败者"，无法看到改进的空间。

分析

小明的极端化思考导致他过度强调一次批评事件，影响了其自我评价和情绪状态。

建议

帮助个体意识到事情往往不是非黑即白，可以促进个体形成更灵活和平衡的思维模式，从而建立更健康的自我认知和情绪状态。

通过识别和纠正这些非理性逻辑，个体可以建立更积极和客观的思维模式，从而更好地应对生活中的挑战和困难，促进个人成长和心理健康。

合理信念与不合理信念

阿尔伯特·埃利斯在探讨合理信念与不合理信念时指出："任何能够提升个体生存质量与幸福感的事物，均可被视为合理的；反之则为不合理的。"这一观点深刻体现了其创立的理性情绪行为疗法的核心思想。REBT 认为，个体的情绪困扰与行为障碍并非直接由外部事件引发，而是源于个体对这些事件所持有的不合理信念与评价。

为深入理解这一观点，我们可以从以下 5 个维度进行探讨。

1. 合理与不合理的界定

在埃利斯的理论框架中，合理性并非单纯指逻辑上的合理性，而是指那些有助于个体生存与幸福感提升的信念与行为。具体而言，若某一信念或行为能够促进个体的福祉与幸福感，则被视为合理的；反之，若其导致个体的痛苦与功能失调，则被归为不合理的。

2. 情绪产生的根源

埃利斯强调，情绪并非由外部事件直接触发的，而是由个体对这些事件的内在信念与评价所决定。这意味着，通过调整个体对事件的认知与信念，可以有效改变其情绪反应。

3. 认知的核心地位

埃利斯进一步指出，认知是心理活动的"牛鼻子"，即认知是影响情绪与行为的关键因素。通过修正不合理的认知，可以有效改善情绪与行为问题。

4. 自我实现的倾向

埃利斯认为，个体具有趋向于成长与自我实现的内在倾向，同时也可能持有不利于生存与发展的非理性生活态度。通过识别并改变这些非理性态度，个体可以实现自我提升。

5. 治疗实践中的应用

在心理治疗领域，埃利斯的 REBT 理论通过帮助个体识别并挑战不合理的信念，进而将其替换为更为合理、有益于个体福祉的信念，从而缓解情绪困扰与行为障碍。

埃利斯的这一观点强调了合理信念对于个体生存与幸福感的重要性，并指出通过改变不合理的信念，个体可以实现更好的情绪健康与生活质量。这一理念是理解与应用 REBT 的基础。

本章小结

理性情绪行为疗主张个体并非因不利事件本身感到困扰的，而是因对这些事件的看法、观念或信念（对诱发性事件的信念，即信念）产生了情绪反应。

这些信念可能导致健康的负性情绪（感受和行为），如悲哀、遗憾、迷惑和烦闷，也可能引发不健康的负性情绪（感受和行为），如抑郁、暴怒、焦虑和自憎。因此，通过将信念从非理性转变为理性，个体可以走出心理困扰。

我们看待事物的方式，而非事物本身，决定了我们的情绪与行为。

——卡尔·荣格

心理学家、分析心理学创始人

第九章

可拓学与问题解决技术

创造力是一种思维方式，它涉及挑战传统观念，探索新的可能性。

——爱德华·德·波诺

被誉为"创新思维之父"

何谓可拓学

　　人类社会的进步往往伴随着对各类矛盾问题的解决。可拓学是一门独特的创新性学科，它通过对历史中矛盾现象的表现形式及其处理方式的系统总结，经过形式化、逻辑化和数学化的提炼而形成。

　　可拓学是一门运用形式化模型研究事物拓展可能性、创新规律与方法的学科，专门用于解决矛盾问题。简而言之，可拓学致力于探究创意生成的理论与方法，为创意生产提供坚实的理论基础和系统的方法论支持。

　　作为一门解决矛盾问题和激发创意的学科，可拓学的核心在于运用形式化模型探索事物拓展的可能性及创新的规律和方法。可拓学能应用在包括心理咨询在内的广泛的领域，能够有效解决实际问题。

以下是可拓学在解决上述提到的现实世界中的矛盾问题的一些具体应用示例。

1. 称重大象的问题

问题描述：使用一杆最大承重 100 千克的秤来称量数吨重的大象。

可拓学解决方案示范如下。

（1）形式化模型：将问题表示为"称重大象"的目标与"秤的最大承重限制"之间的矛盾。

（2）拓展：考虑大象的重量特征，寻找等效替代物（如沙子、水等），通过分批称量替代物的重量来间接得出大象的总重量。

（3）变换：采用置换变换（用等重的替代物替换大象）和增删变换（增加称量次数以累积总重量）。

（4）评价：通过实际操作验证称量结果的准确性和可行性。

2. 侦破复杂案件的问题

问题描述：公安部门凭借少量的信息侦破复杂的案件。

可拓学解决方案示范如下。

（1）形式化模型：将问题表示为"案件真相"的

目标与"有限信息"之间的矛盾。

（2）拓展：通过发散树方法拓展可能的线索和嫌疑人，构建相关网来发现新的联系和可能性。

（3）变换：采用组分变换将案件分解为小问题，逐一解决。

（4）评价：通过案件进展和证据的积累来评估各个线索的价值。

3. 构思新产品的问题

问题描述：发明者根据少量的功能要求来构思复杂的新产品。

可拓学解决方案示范如下。

（1）形式化模型：将问题表示为"产品创新"的目标与"有限功能要求"之间的矛盾。

（2）拓展：通过发散树和相关网方法拓展产品可能的应用场景和用户需求。

（3）变换：采用复制变换和组分变换，结合现有技术和创新元素，构建新产品的原型。

（4）评价：通过市场调研和用户反馈来评估产品概念的可行性和吸引力。

4. 公路系统连接的问题

问题描述：靠左行驶的公路系统和靠右行驶的公路系统要连接成一个大系统。

可拓学解决方案示范如下。

（1）形式化模型：将问题表示为"统一交通规则"的目标与"不同行驶规则"之间的矛盾。

（2）拓展：通过蕴含系分析不同行驶规则背后的逻辑和原因，探索可能的统一方案。

（3）变换：采用扩缩变换和置换变换，设计过渡区域或交通信号系统来平滑过渡两种行驶规则。

（4）评价：通过模拟和实际运行来评估新交通规则的安全性和效率。

通过这些步骤，可拓学不仅提供了解决矛盾问题的具体方法，还为创新提供了理论依据和方法来源，帮助我们在面对复杂问题时能够产生创新的解决方案。

可拓学的应用

可拓学作为处理复杂问题的系统方法论，其理论体系围绕"拓展、变换、评价"3个阶段构建。该框架通过结构化思维工具与量化评估机制，为多领域问题提供创新解决方案。下文将系统阐述各阶段的核心逻辑与实施路径。

解决矛盾问题的关键在于拓展思维

当某一解决方案不可行时，应考虑其他可能性。这意味着在解决问题的过程中，如果某一方法或途径不适用，可以转而寻求其他方法或途径。所谓"牵一发而动全身"，意味着对某一事物的微小改变可能会引发其他事物的变化，这为我们提供了一种间接处理问题的新思路。事实上，世间万物均具有可拓展性，而拓展正是创意生成的基础。

拓展的基础是基元，即可拓学的基本分析单元，包含物元、事元和关系元 3 类。

- **物元**：描述实体属性（对象，特征，量值），例如，书柜，高度，2 米。
- **事元**：表达行为要素（动作，受事，内容），例如，演唱，对象，歌曲。
- **关系元**：表征事物关联（关系主体，关系类型，关系客体）。

物元（对象、特征、量值）中任一要素改变即形成基元变换，构成物元、事元或关系元变换的基础。

"拓展思维4步法"如下。

1. 发散树模型

在面对问题时，除了当前的方法，还有其他多种可能的解决方案。这一观点基于事物和关系的可拓展性。利用这种可拓展性，我们可以在一处碰壁时转向另一处寻求解决方案。发散树是一种工具，它从对象、特征和量值出发，进行多方面的拓展，包括单一对象的多种特征、单一特征的多个对象、单一特征的多个量值、单一量值的多个对象、单一量值的多种特征、相同特征和量值的多个对象，以及在不同情境下同一对象同一特征的多个量值。上述几个方面的拓展构成了一棵庞大的树，称为发散树。

面对不同的矛盾问题，我们可以从多个方向发散出一棵树，并在树上找到替代原事物的多片"树叶"，这些"树叶"即为变换的源泉。通过变换及其运算，我们可以得出众多方案，进而对这些方案进行评估，选出合适的创意，进行创新和开拓，将矛盾问题转化为非矛盾问题。

2. 相关网络分析

在客观世界中，存在对象相关、特征相关和量值相关的三维关联网络。对不同对象而言，存在相同特征的相关和不同特征的相关，它们构成一个庞大的相关网络。利用相关网络，人们可以找到处理问题时需要的相关事物，从而生成解决问题的创意。

3. 蕴含关系推演

一个物体的存在或一件事的实现，会导致另一个物体的存在或另一件事的实现，这种关系称为蕴含关系。在出现矛盾问题时，某一个目标无法实现，可以锁定蕴含关系中的另一个目标，先实现这个目标，再通过蕴含关系实现原目标。这是生成创意的一条途径。

4. 分合链策略

事物的分解可以使复杂的问题化为若干简单的问题。事物的组合又可以得到能满足矛盾问题的条件所需要的事物。

变换的实质就是基元的变换及其运算

问题解决与创意生成的核心在于基元的变换及其

运算。其中，置换变换是区分思维僵化与灵活应对的关键因素之一。置换的对象可以是实体、属性、数值，也可以是规则或领域范畴。以下是 5 种常用的变换方法。

1. 置换变换

当某一特征引发矛盾时，可通过替换为该事物的其他特征来激发解决问题的创意。

2. 增删变换

通过增加或减少问题相关对象或其量值，以达到解决问题的目的。

3. 扩缩变换

此方法涉及对基元量值或对象的扩大或缩小操作。具体而言，乘以大于 1 的数值实现扩大，乘以小于 1 的数值实现缩小。灵活运用此方法是解决矛盾问题的有效策略。

4. 组分变换

面对复杂问题，常将其分解为若干简单子问题进行处理。这依赖于基元的可组合性与可分解性。通过组合或分解基元，可以产生创新解决方案。此外，整合同类先进产品中的最优部件，也能构建出超越原有产品的新产品。

5. 复制变换

复制作为一种特殊变换，广泛应用于信息领域，涵盖实体与虚拟内容的复制。其形式多样，包括扩大复制、缩小复制、近似复制及多次复制等。

上述5种基本变换——置换、增删、扩缩、组分、复制——构成创意生成的基础。任何创意均可视为这些变换或其组合运算的结果。基于这些变换，人们能够系统性地生成解决矛盾问题的创意，并有序推进产品更新换代及新材料、新工艺的研发。类似于数学中的基本运算，可拓学中的变换也支持"与""或""积""逆"等运算。

（1）"与"运算：同时应用两个或多个变换，无先后顺序之分。

（2）"或"运算：从多个变换中选择其一。

（3）"积"运算：连续应用两个或多个变换。

（4）"逆"运算：采取与原变换相反的变换。

通过这些基本变换及其运算，可以衍生出多种问题解决方法。然而，在实际应用中，仍需从多种技术中选择最优方案，以确保问题解决的有效性与创新性。

评价问题解决方案优劣的方法

创新性解决方案通常源于对现有方案的拓展与变换。通过这一过程，可以生成一系列备选方案，这些方案在可行性、实施效率，以及收益等方面存在显著差异。为了选择最优解决方案，必须依据决策者的具体需求进行系统评估。

评估标准的确定是方案选择的关键环节。中国古语有云："符合主人意，就是好功夫"，这里的"主人"即指决策者。因此，评估标准的制定应当以决策者的需求为导向，通过量化的方法来判断方案的优劣程度。

下面将介绍一种基于优度评估的方案选择方法，其具体实施步骤如下。

1. 初步筛选

（1）确定必要约束条件。

（2）排除不符合基本条件的方案。

2. 评估体系构建

（1）根据决策目标确定评估维度（如经济效益、

时间成本、资源投入等）。

（2）为各维度设定量化指标。

（3）建立各维度的关联函数。

（4）计算各方案在各维度的关联度。

（5）确定各维度的权重系数。

3. 综合评估

（1）计算各方案的综合优度值。

（2）依据优度值对方案进行排序。

（3）向决策者推荐优度值较高的方案。

4. 真实性验证

（1）对方案的相关信息和结论进行真实性核查。

（2）确保评估结果的可靠性，避免决策失误。

这一评估方法通过定量分析与定性判断相结合，为决策者提供了科学的方案选择依据，既保证了评估的客观性，又充分考虑了决策者的实际需求。同时，通过真实性验证环节，有效降低了决策风险，提高了问题解决的准确性和可靠性。

可拓学通过上述步骤提供了一种系统化、创新性的问题解决方法论。这种方法论强调创新思维、多角度分析及量化评估，可应用于商业、教育、科技等多个领域，为解决实际问题提供理论支持和实践指导。

可拓学在解决心理问题中的案例分析

案例1

解决青春期孩子叛逆行为
和厌学问题

本案例运用可拓学方法，针对青春期孩子出现的叛逆行为和厌学问题，制定系统化的干预方案，具体实施步骤如下。

1. 拓展

（1）目标和条件

目标：促进学生重返校园，恢复正常的学业。

条件：学生存在明显的厌学情绪，可能伴有心理困扰、学业障碍或社交适应问题。

（2）拓展对象

基元：学生个体、家庭系统、学校环境、同伴关系、个人兴趣等。

规则：家庭教育模式、学校管理制度、社会期望等。

领域：教育发展、心理健康、社交等。

环境：家庭、学校、社会等。

（3）拓展方法

发散树模型：梳理可能导致孩子厌学的多重因素。

相关网络分析：分析孩子、家庭、学校和社会之间的相互作用。

蕴含关系推演：探讨孩子厌学行为背后的心理需求。

分合链策略：考虑孩子的兴趣和潜能，整合孩子的兴趣与学校教育资源。

2.变换

（1）基本变换

置换变换：探索家庭教育或在线学习等替代方案，以适应孩子的需求。

增删变换：加强家校沟通，优化支持系统，减少孩子面临的压力和负面环境造成的影响。

扩缩变换：扩展支持资源，降低学业压力，提升自信心和自我价值感。

组分变换：将复杂问题分解为可操作的子问题，逐一解决。

复制变换：参考成功案例，优化教育方法。

（2）4 种运算

"与"运算：整合多种干预措施，如同时增加家庭和学校的支持。

"或"运算：筛选最优干预策略，如选择增加家庭沟通或学校支持。

"积"运算：分阶段实施干预方案，如先进行心理辅导，再增加家庭沟通。

"逆"运算：采取与原变换相反的变换，如从严厉的教育方式转变为温和的引导。

3. 评价

（1）优度评价法

评价指标：学业态度、家庭互动、学校适应、心理状态等。

计算优度：根据上述指标，为每个方案打分，计算出每个方案的优度值。

选择方案：选择优度值最高的实施方案，如综合家庭支持和学校管理的方案。

（2）具体实施方案

心理干预：开展专业心理辅导，帮助孩子建立积极认知。

家庭支持：改善亲子沟通，优化家庭教育方式。

学校管理：创新教学模式，完善学生支持体系。

社会支持：净化成长环境，加强心理健康教育。

通过上述步骤，我们可以为孩子叛逆、厌学的问题提供一个全面的解决方案，并通过优度评价法选择最佳方案实施。

案例2

家庭关系不和谐

针对家庭中妻子与婆婆关系不和，以及由此引发的夫妻关系紧张问题，运用可拓学方法制定系统性解决方案。以下是基于可拓学理论框架的具体解决步骤。

1. 拓展

（1）目标和条件

目标：改善婆媳关系，重建家庭和谐氛围。

条件：妻子行为被丈夫误解为不孝，导致夫妻关系恶化。

（2）拓展对象

基元：妻子、丈夫、婆婆等核心家庭成员，家庭互动模式，沟通方式等。

规则：家庭角色期待、孝道文化认知、代际沟通规范。

领域：家庭关系、代际沟通、文化差异等。

环境：家庭文化背景、社会价值观、居住条件等。

（3）拓展方法

发散树模型：系统梳理婆媳关系紧张的多维度成因，列出所有可能的原因和影响因素。

相关网络分析：分析妻子、丈夫、婆婆之间的相互关系和影响。

蕴含关系推演：探讨妻子行为背后的心理和情感需求，以及丈夫和婆婆的期望。

分合链策略：考虑家庭中每位成员的兴趣和需求，协调个体需求与家庭整体利益的平衡点。

2. 变换

（1）基本变换

置换变换：如果妻子的行为源于误解或沟通障碍，那么可通过调整沟通方式或行为模式来改善。

增删变换：增加家庭成员间的积极互动，减少指责与批评。

扩缩变换：拓宽家庭成员间的理解与包容，缩小冲突与误解的范围。

组分变换：将复杂的家庭冲突拆解为具体的沟通问题，逐一解决。

复制变换：借鉴其他家庭成功解决类似问题的经验，作为参考依据。

（2）4种运算

"与"运算：综合运用多种转换方法，如同时提升沟通质量与减少误解。

"或"运算：在多种转换方法中选择最适合的一种，如优先增加家庭活动或优化沟通方式。

"积"运算：按顺序实施多种转换方法，例如，先进行家庭咨询，再改善沟通模式。

"逆"运算：采用与原有行为相反的转换方式，如将指责转化为理解。

3.评价

（1）优度评价法

评价指标：包括家庭成员间的沟通质量、冲突发生频率、情感满意度等。

计算优度：根据上述指标为每个方案评分，计算综合优度值。

选择方案：选择优度值最高的实施方案，如结合沟通改善与家庭咨询的综合方案。

（2）具体实施方案

家庭沟通：定期组织家庭会议，为每位家庭成员提供表达感受与需求的机会，共同寻求解决方案。

心理咨询：引入专业心理咨询服务，帮助家庭成员理解彼此的情感，掌握有效沟通的技巧。

角色扮演：通过角色互换进行体验，增进家庭成员间的理解与共情。

共同活动：增加家庭旅行或共同兴趣活动，强化家庭凝聚力。

文化教育：如果文化差异是冲突根源，那么可通过教育与讨论增进文化理解与尊重。

界限设立：明确家庭成员间的界限，尊重隐私与独立性，减少不必要的干涉。

积极反馈：鼓励家庭成员间给予正向反馈，强化积极行为。

通过上述系统化的转换策略与评估方法，可为妻子与婆婆关系不和的问题提供全面且科学的解决方案，并基于优度评价法选择最优实施方案，从而有效改善家庭关系，重建和谐氛围。

案例3

多次面试失败导致抑郁

针对大学生因多次面试失利引发抑郁情绪的心理咨询问题，运用可拓学方法构建系统性解决方案。以下是基于可拓学理论框架的具体干预方案。

1. 拓展

（1）目标和条件

目标：帮助大学生恢复自信，克服因面试失败引发的抑郁情绪，并成功就业。

条件：大学生经历多次面试失败，产生沮丧和抑郁情绪。

（2）拓展对象

物元：大学生（对象）、面试技巧（特征）、面试失败次数（量值）。

事元：面试过程（对象）、应对策略（特征）、面试准备（支配对象）。

关系元：大学生与工作机会之间的关系、大学生与自我认知之间的关系。

（3）拓展方法

发散树模型：从面试失败的原因出发，考虑多种可能性，如面试技巧不足、职业定位不准确、市场就业形势不好等。

相关网络分析：分析大学生的个人能力、市场需求、个人期望之间的关系，寻找改进的方面。

蕴含关系推演：探索面试失败背后可能蕴含的其他问题，如自我价值认知、职业规划等。

分合链策略：将面试失败的问题分解为多个小问题，如简历编写、面试技巧、心态调整等，然后逐一解决。

2. 变换

（1）基本变换

置换变换：如果现有求职策略效果不佳，那么可以考虑调整职业选择领域或行业方向。

增删变换：增加模拟面试的频率，降低自我否定及负面情绪的影响。

扩缩变换：拓宽对多元行业及职位的认知广度，降低对特定职位的过高期待。

组分变换：将求职流程细分为简历优化、面试能力培养、心理调适等模块，分别进行优化。

复制变换：参考成功求职者的实践经验，复制其行之有效的求职方法。

（2）4种运算

"与"运算：同步推进心理调适与面试能力提升。

"或"运算：评估继续现有职业规划或转换求职方向的可行性。

"积"运算：优先完成自我认知优化，继而开展面试技能提升。

"逆"运算：将消极的自我认知转化为积极的自我驱动机制。

积极心力

3. 评价

（1）优度评价法

评价指标：面试成功率、心理状态、自我效能感等核心指标。

计算优度：依据既定指标对各方案进行优度评分，计算综合优度值。

选择方案：选取优度值最高的实施方案，如整合心理调适与技能提升的综合方案。

（2）具体实施方案

心理辅导：提供专业心理辅导，协助大学生正确认识并调节面试失利带来的负面情绪，培养积极的自我认知。

能力培养：通过模拟面试训练与职业技能培训，提升毕业生的面试表现与职业素养。

市场分析：深入研究就业市场动态，优化职业定位与求职策略。

社会支持：构建社会支持网络，鼓励毕业生与亲友、同窗保持交流，获取情感支持与信息资源。

生活管理：指导大学生保持健康的生活方式，包括均衡饮食、规律作息和适度运动，以改善心理状态。

通过系统化的策略调整、科学的评估体系和全面的实施路径，可为面临面试困境的毕业生提供有效的解决方案，并通过综合评价方法确定最优实施方案。

本章小结

在日常生活中，我们不可避免地会遇到各种问题，其中包括心理层面的困扰。问题的本质在于当前条件与预期目标之间的矛盾，这种矛盾阻碍了目标的顺利实现。作为一种创新思维方法，可拓学能够有效解决各类矛盾问题。通过熟练掌握并灵活运用可拓学创新思维，我们可以更好地化解心理烦恼，从而迈向幸福。

创造力并非天赋，而是一种可以通过特定思维方式学习的技巧。

——罗伯特·弗里茨

创造性思维专家

第十章

阳明心学与模型疗法

知是行之始，行是知之成。

——王阳明
明代哲学家

何谓阳明心学

作为宋明理学的重要流派，阳明心学的理论渊源可追溯至孟子的心性论，经南宋陆九渊奠基，至明代王守仁（号阳明）臻于成熟。该学说通过"心即理""致良知"等命题构建起完整的心性哲学，深刻影响了东亚思想史进程。

阳明心学的理论体系包含 6 大核心命题。

1. 心即理：本体论重构

作为理论基石，该命题揭示天理内在于主体心性的本质，确立道德实践的主体性原则，推动儒家伦理从规范约束向自觉践履的范式转换。

2. 致良知：方法论创新

在继承孟子良知说的基础上，王阳明创造性提出"见在良知"说，强调"不学不虑"的道德直觉。通过"事上磨炼"的实践工夫，实现先天本体向现实德行的转化，形成本体与工夫相即的修养体系。

3. 知行合一：实践论突破

针对朱熹"知先行后"的二元论，提出"真知即是行"的辩证观。强调道德认知内含实践指向，道德实践构成认知完成态，确立知行互渗的伦理实践模型。

4. 心外无物：认识论转向

该命题彰显主体意识的能动性，主张通过心性涵养建构价值体系，在应事接物中实现认知与实践的统一，形成完整的主体性哲学框架。

5. 四句教：道德认知机制

"无善无恶心之体，有善有恶意之动，知善知恶是良知，为善去恶是格物"的系统阐释，其揭示了道德判断的发生逻辑。将善恶分化定位于意念层面，通过格物实践达成道德完善，形成动态修养路径。

6. 万物一体：境界论旨归

主张通过持续心性修养达到天人合一的境界，以普遍仁爱观照世界，实现个体生命与宇宙秩序的深度契合。

阳明心学通过重构儒家心性论，建立起以道德主体为核心的价值体系。其强调本体与工夫、知与行、个体与宇宙的三重统一，不仅深化了儒家伦理思想，更提供了可操作的修养路径，至今仍是理解儒家道德哲学的关键维度。

研修心学

《传习录》指出："初学时心猿意马，拴缚不定，其所思想，多是人欲一边，故且教之静坐，息思虑。久之，俟其心意稍定。只悬空静守，如槁木死灰，亦无用，须教他省察克治。"

第一阶段：静坐息虑 —— 收敛心性

（1）适用对象：心性散乱、杂念纷飞的初学者。

（2）方法：静坐法，即静坐调息，收敛心性。

（3）目标：暂时切断外界的欲望干扰（"人欲一

边"），使内心归于平静。

（4）原理：初学者的心性不定，易被杂念干扰，因此需要先"止"后"观"。

第二阶段：省察克治 —— 主动对治杂念

（1）适用对象：已能初步静心，但仍有杂念浮现者。

（2）方法：省察，即觉察杂念（如贪欲、虚荣等）；克治，即用良知主动斩断杂念。

第三阶段：事上磨炼 —— 在实践中巩固心性

（1）适用对象：已初步具备定力者。

（2）方法：将静坐中培养的定力迁移到生活中，强调"人须在事上磨，方立得住"，避免陷入"静时觉心定，动时便乱"的空洞状态。

简而言之，人类具有普遍的自省意识，因此其言语、行为及思想活动皆在主体认知范畴之内。当个体逾越自我认知边界而表现出"明知故犯"时，实为生物本能与私欲介入所致；然而此类行为发生后，如果个体仍能保持澄明心境，则会触发道德自省机制，此时良知便会显性化呈现。践行"致良知"的重要性，在于将个体的认知切实地贯彻于言行思辨之中，达到

"知行合一"的境界，从而获得心理自洽与精神平和。而此种心性层面的和谐状态，恰恰是人类终极价值追求的核心表征，亦为幸福本质的哲学诠释。

模型疗法

心智模型作为个体认知体系的核心架构，表征着人类对自我及外部世界的解释系统与理解范式。该概念突显了其在心理运作机制中的双重功能：既包含对外部现象的概念化认知，也涉及感知觉处理、记忆编码、思维运作及语言表征等基础认知维度。

基于心智模型理论框架发展而来的模型疗法，是以明代儒学集大成者王阳明创立的心学体系为理论根基的心理干预范式。该疗法通过结构化操作流程，旨在促进认知与行为的协调统一，最终实现心理稳态的建构。阳明心学体系以"心即理"的本体论、"致良知"的修养论及"知行合一"的实践论等核心命题构成其哲学根基，这为模型疗法提供了理论支撑。

模型疗法的 6 个关键步骤如下。

（1）觉知模型：通过系统观察与分析，识别个体言语表征、行为模式及思维特征中潜隐的认知图式。

（2）**认知模型**：在觉知到的模型中，探索这些模型的成因。

（3）**悦纳模型**：建立非评判性认知立场，接受这些模型。

（4）**解构模型**：运用批判性思维工具，对认知架构的构成要素（包括形成机制、内容特征及发展趋向）进行系统性分析。

（5）**重构模型**：以提升主观幸福感和心理适应性为导向，运用认知重评技术，建立更具功能性的新型心智框架。

（6）**致知模型**：根据新的模型去指导个体的言语、行为和思考，最终达成知行合一的实践目标。

案例分析

案例1

"非常规策略"引发的职业伦理困境干预方案

某求职者（化名小李）在关键岗位面试中采用违

背个人价值观的策略达成录用目标，入职后持续受道德焦虑的困扰。本方案基于认知重构模型，采用模型疗法的 6 个关键步骤进行心理调适。

1. 觉知模型

引导来访者系统识别面试行为背后的驱动模型，重点解析恐惧失败、成就饥渴、竞争压力激这 3 类典型的认知图式。通过记录情绪日志，系统追踪相关情境中的身心反应（心率变化、焦虑指数等生理指标）。

2. 认知模型

采用深度访谈技术追溯非常规策略的形成机制，重点考察以下几点：（1）成长经历中的成功范式塑造；（2）社会比较引发的自我效能怀疑；（3）组织选拔制度的认知偏差。解析行为决策的"认知—情感—行为"链条。

3. 悦纳模型

运用正念认知疗法，建立对既往行为的现象学观察：（1）区分行为本身与道德属性标签；（2）解构"完美自我"的认知枷锁；（3）理解道德决策的情境依赖性。通过悖论干预技术实现认知解离。

4. 解构模型

分析小李行为背后的核心信念，通过质疑这些信念的合理性，揭示其如何导致小李的行为偏差，并帮助他认识到这些信念的局限性。

5. 重构模型

协助小李建立新的心智模式，例如"通过诚实和努力同样可以取得成功"。同时，制订具体的行动计划，帮助小李通过正当途径展现自身的能力和价值，从而重建自信。

6. 致知模型

鼓励小李在实践中运用新的心智模式，如在工作中展现诚信与专业素养。通过积极的行为，修复因不正当手段而受损的自我形象，逐步实现内心的平衡与成长，实现知行合一。

在整个过程中，为小李提供一个安全、支持的环境至关重要，这使他能够坦诚地表达自己的感受与想法。此外，建议小李寻求专业心理咨询的支持，以便更深入地处理内心的困扰与内疚感。通过模型疗法的系统引导，小李将逐步认识到自己的错误，并学会以更健康的方式应对未来的挑战。

案例2

学习成绩急剧下滑

小华（化名）是一名初二学生，由于本学期学习态度松懈，致使成绩出现明显下滑。他具有争强好胜的性格，为了在期末考试中获取高分，维持自己在同学、老师和家长面前良好的形象，他采取了舞弊手段。然而，每当他人提及他的期末成绩时，小华都会感到心跳加速、内心羞愧，这种负面情绪逐渐影响了他的正常学习和生活。为此，我们建议采用模型疗法为小华制定心理咨询方案。

针对小华的情况，我们可以采用模型疗法的 6 个步骤来帮助他解决心理困扰。

1. 觉知模型

引导小华识别并理解其舞弊行为背后的心理动因，包括对失败的恐惧、过度在意他人评价及维护自我形象的需求。通过记录情绪日记，帮助小华系统观察和记录在成绩相关话题出现时的生理反应（如心跳加速）和心理感受（如羞愧）。

2. 认知模型

帮助小华理解这些因素如何影响他的行为和决策。深入探讨导致舞弊行为的潜在因素，包括以下3点：

（1）过往经历的影响；

（2）家庭和社会环境带来的压力；

（3）对自我价值的认知偏差。

通过认知重构，帮助小华理解这些因素对其行为决策的影响机制。

3. 悦纳模型

鼓励小华接受自己过去的行为，不进行自我评判，而是以一种客观和理解的态度来看待。

让小华认识到每个人都会犯错，重要的是从错误中学习。

4. 解构模型

系统分析支撑舞弊行为的核心信念，如"只有优异成绩才能获得他人认可"等。通过理性分析，揭示这些信念的非理性特征及其对行为的负面影响。

5. 重构模型

制订一个行动计划，让小华通过正当途径来提升自己的学习成绩，如制订学习计划、寻求老师和同学的帮助等。协助小华建立新的认知框架：

（1）确立"诚信与努力比成绩更重要"的价值观念；

（2）制订具体的学习提升计划；

（3）建立有效的求助机制（如向老师请教、与同学组建学习小组等）。

6. 致知模型

让小华通过正面的行为来修复因舞弊而受损的自我形象和人际关系，例如，主动承认错误、向老师和家长坦白，并承诺以后不再舞弊，等等。推动认知到行为的转化：

（1）在日常生活中践行新的价值观念；

（2）采取积极行动修复受损的自我形象和人际关系（如主动承认错误、向相关人员坦白）；

（3）做出不再舞弊的郑重承诺。

上述 6 个步骤的实施要点如下：（1）建立安全、支持性的咨询环境；（2）建议配合专业心理咨询；（3）鼓励参与课外活动，以拓展自我价值认知；（4）培养多元化的成就评价标准。

以本方案为基础，建议进行 3 次系统性的心理咨询，帮助小华逐步克服心理困扰，重建健康的自我认知和行为模式。

第一次心理咨询

心理咨询师：小华，欢迎来到咨询室。首先我想让你知道，我们的对话是完全保密的，你可以放心地分享你的感受和想法。今天，你愿意谈谈让你感到困扰的事情吗？

小华：嗯，老师，我最近真的很烦恼。我在期末考试中作弊了，虽然成绩不错，但每次他人提到我的成绩，我就感到非常羞愧和紧张。

心理咨询师：我理解你的感受，作弊后感到羞愧和紧张是很自然的反应。你能告诉我，当你决定作弊时，你心里是怎么想的吗？

小华：我当时就是太害怕成绩不好，怕我父母失望，怕同学们看我的眼光不一样。

心理咨询师：这种害怕和担心让你感到压力很大，对吗？你能感到这种压力对你的影响吗？

小华：是的，我感觉很焦虑，有时甚至睡不着觉。

心理咨询师：这种焦虑感确实会让人感到很难受。现在，让我们一起来探索一下，你为什么会这么害怕成绩不好呢？这背后有没有什么特别的原因？

小华：可能是因为我一直都想表现得最好，我不想让他人觉得我不聪明或者不努力。

心理咨询师：我明白了，你很在乎他人的看法，也很在乎自己的表现。这种在乎让你在面对考试时感到巨大的压力。那么，你觉得除了作弊，还有什么其他方式可以应对这种压力，或者让他人看到你的努力和聪明呢？

小华：我不知道，可能就是更努力学习吧。

心理咨询师：更努力学习确实是一个好方法。那么，我们接下来可以一起制订一个学习计划，帮助你更有效地学习，这样你就能在下次考试中取得好成绩，而不需要作弊。你觉得怎么样？

小华：这听起来不错，我愿意试试。

心理咨询师：很好，小华。我们还会一起探讨如何面对和处理这种羞愧感，以及如何重建你的自信心。在我们结束今天的咨询之前，你有没有什么想要问我的问题，或者还有什么其他的感受想要分享？

小华：我想问一下，我是不是真的可以通过努力学习来提高成绩，而不需要作弊？

心理咨询师：当然可以，小华。努力学习是提高成绩最有效和最正直的方法。而且，通过自己的努力取得的成绩，会让你感到更加自豪和满足。我们下次咨询时，会详细地讨论如何制订学习计划，以及如何应对考试焦虑。

小华：好的，谢谢老师。

心理咨询师：不用谢，小华。记住，你不是一个人在面对这些问题，我会在这里支持你。我们下次咨询再见。

总结：在这次咨询中，我们主要关注了小华的感受，探索了他作弊背后的动机，并开始引导他思考如何通过正当途径来提高成绩；在下次咨询中，我们将更具体地讨论学习计划和应对策略。

第二次心理咨询

心理咨询师：小华，欢迎你再次来到这里。上次我们谈到了你作弊的原因和你的感受，今天我们可以继续深入探讨，并开始制订一些实际的计划。你还记得我们上次的讨论吗？

小华：记得，老师。我回去后想了很多，我觉得我确实需要做出改变。

心理咨询师：很高兴听到你有这样的决心。改变需要勇气，你已经迈出了第一步。现在，让我们来谈谈你如何准备接下来的学习。你有哪些科目的学习需要帮助？

小华：数学和英语比较弱，我总是找不到好的学习方法。

心理咨询师：明白了。我们可以针对这两个科目制订一些具体的学习计划。比如，对于数学，我们可以尝试每天解决一定数量的练习题，并在遇到难题时寻求帮助。对于英语，我们可以设定每天阅读和听力的时间，以及定期写作和口语练习。你觉得这样的计划怎么样？

小华：这听起来不错，但是我担心我坚持不下去。

心理咨询师：这是一个很实际的担忧，我们可以通过设定小目标和奖励机制来帮助你保持动力。比如，每完成一项学习任务，就给自己一些小奖励。同时，我们也可以探讨一些提高学习效率的方法，比如，使用番茄工作法，或者找到适合你的学习环境。

小华：番茄工作法是什么？

心理咨询师：番茄工作法是一种时间管理技巧，它通过将工作时间分割成25分钟的工作时间和5分钟的休息时间来提高效率。每完成 4 个番茄钟，就可以休息 15~30 分钟。这种方法可以帮助你保持专注，同时也确保你有足够的休息时间。

小华：我想试试这个方法。

心理咨询师：很好，我们可以一起制订一个初步的计划。现在，让我们来谈谈你的感受。作弊的事情还在影响你吗？

小华：是的，我还是很内疚。

心理咨询师：内疚是一种正常的情绪反应，说明你对自己的行为有所反思。我们可以探讨一些方法来处理这种内疚感，比如，写日记、与信任的人分享你的感受，或者做一些正面的事情来弥补你的错误。

小华：我想我可以试试写日记。

心理咨询师：这是个很好的开始。写日记可以帮助你理清思绪，也是自我反省的好方法。除了写日记，你还可以考虑向老师和父母坦白你的感受，这样可能会减轻你的内疚感。

小华：我害怕他们对我失望。

心理咨询师：这是可以理解的，但是诚实和勇气往往是重建信任的第一步。你可以先准备好你想要说的话，然后选择一个合适的时机和他们交流。我会在这里支持你，帮助你准备好这次对话。

小华：谢谢老师，我会考虑。

心理咨询师：不用谢，小华。记住，改变需要时间，你已经在正确的道路上了。我们下次咨询时，可以继续讨论你的学习计划，以及如何准备与老师和父母的对话。现在，你还有什么想要讨论的吗？

小华：暂时没有了，老师。

心理咨询师：好的，那我们今天就到这里。记住，你不是一个人在战斗，我会在这里支持你。下周见，小华。

总结：在这次咨询中，我们帮助小华制订了学习计划，并讨论了如何处理内疚感及准备与父母和老师的对话；在下次咨询中，我们将跟进这些计划的执行情况，并提供进一步的支持。

第三次心理咨询

心理咨询师：小华，欢迎你再次来到这里。我们之前的讨论中，你已经制订了学习计划，并且我们讨论了如何处理内疚感及准备与父母和老师的对话。今天，你感觉怎么样？

小华：老师，我按照我们制订的学习计划开始学习了，感觉好多了。但是，我还是有些担心，如果我告诉父母和老师我作弊的事情，他们会怎么看我。

心理咨询师：你的感受我完全理解。有这样的担忧是很自然的。不过，你已经采取了积极的步骤，通过努力学习来提高成绩，这是值得肯定的。诚实是建立信任和尊重的基础，而且，承认错误并寻求原谅，而是自身成长的一部分。

小华：我明白了，老师。我决定今天晚上就和父母谈谈。

心理咨询师：这是一个勇敢的决定，小华。你已经准备好了，我会在这里支持你。你可以考虑写下你想说的话，这样可以帮助你在对话时保持冷静，让讲话条理清晰。

小华：好的，我会试试。

心理咨询师：很好。现在，让我们回顾一下你的学习计划。你觉得自己在数学和英语上有哪些进步？有没有遇到什么困难？

小华：我觉得数学好多了，我开始理解一些之前不懂的概念。但是英语还是有些难，尤其是听力和口语。

心理咨询师：进步是值得庆祝的，小华。对于英语，我们可以进一步探讨一些提高听力和口语的方法。比如，你可以尝试听英语歌曲，看英语电影，或者加入学校的英语角来练习口语。这些方法可以帮助你在轻松的环境中提高英语能力。

小华：这听起来不错，我会试试。

心理咨询师：很好。记住，学习是一个持续的过程，不要因为一时的困难而气馁。你已经取得了进步，这本身就是一个巨大的成就。

小华：谢谢老师，我会坚持下去。

心理咨询师：我对你充满信心。现在，你还有什么其他的问题或者想要讨论的话题吗？

小华：没有了，老师。我觉得我已经准备好面对接下来的挑战了。

心理咨询师：很高兴听到你这么说，小华。你已经做了很多工作来改善你的情况，并且你已经准备好继续前进。记住，无论你遇到什么困难，我都会在这里支持你。如果你需要进一步的帮助，随时可以回来。

小华：谢谢老师，我会的。

心理咨询师：好的，小华。我们今天的咨询就到这里。祝你好运，我相信你能够处理好和父母、老师的对话，并且在未来的学习中取得更好的成绩。下次如果你需要帮助，我随时在这里。

总结：在这次咨询中，我们帮助小华准备好与父母和老师的对话，并讨论了他在英语学习上的困难，提供了一些解决方案；通过这 3 次咨询，小华已经学会了如何面对自己的问题，并采取了积极的步骤来改善自己的学习和行为。

本章小结

在广袤的宇宙中，存在着独立于人类意志的客观现实，同时也存在着由人类意识构建的主观意义体系。王阳明的心学体系，正是以这种主观意义世界为研究核心，提出了"心即理""致良知""心外无物""知行合一"等哲学命题。基于这一理论基础发展而来的模型疗法，通过重构个体的认知框架，引导人们主动构建积极的意义世界，从而促进个体向幸福迈进。

正如音乐家必须创作乐曲，画家必须挥毫泼墨，诗人必须吟诗作赋，个体只有实现其本质潜能，才能获得内心的真正平和。这种自我实现的追求，体现了人类发展的必然规律。

——亚伯拉罕·马斯洛

后 记

在人的一生中，我们不断地在自我认同和角色认同之间寻找平衡，这是成长和成熟的过程。

——埃里克·埃里克森
发展心理学家、精神分析学家

我凝视着书桌上堆积如山的笔记和布满批注的文献，突然领悟到：这本书的完成并非终点，而是一连串省略号——它不仅记录了我对"幸福"长达十余年的探索，更将为无数人开启自我蜕变的可能性。

写作即修行：在困惑中追寻光的轨迹

常有读者问我："您写这本书最大的收获是什么？"我的回答始终如一：它让我从"幸福导师"重

新成为"幸福学徒"。在整理有关"觉知力"的内容时，我发现自己仍会陷入"惯性导航"的陷阱；在设计"心流技术"练习时，为了验证"自得其乐"，我每次在厨房切菜、炒菜时，都会将心流的 5 个要素融会贯通，忘我投入；最难忘的是撰写"阳明心学与模型疗法"期间，我专程拜访心学研究者，却在王阳明故居前被一位扫地老者点醒："知行合一，不是想明白了再去做，而是做着做着才明白。"这些"破绽"与"顿悟"最终都化作书中的案例与练习，提醒我：幸福力的修炼没有完美的模板，唯有真实面对自己的笨拙与局限，所有方法论才能真正落地生根。

致谢：群星照亮了我的夜空

这本书承载了太多人的智慧馈赠：感谢我的贵人，一位理性情绪行为疗法专家，他常对我说："别只顾着治疗痛苦，要去点燃人们心中的希望。"这句话成为本书的"灯塔"；感谢 28 位匿名来访者，允许我将他们的故事脱敏后写入书中。特别致敬可拓学研究所李兴森教授。当我把可拓学应用于本书，作为积极心力的训练工具时，他赞许道："学问之道，贵在跨界破壁。"这份胸襟，让心理学与工程学得以在本书中共舞。

当然，还有此刻执卷的你——亲爱的读者，你的好奇心与行动力，才是这本书真正的续篇者。

未竟之言：关于幸福的 3 个真相

落笔之际，仍有未尽思绪，总结为 3 则"幸福悖论"与君共思。

1. 越追求幸福，越容易错过幸福

神经科学研究发现，当人刻意监测"我此刻幸福吗"时，前额叶皮层会抑制边缘系统的愉悦反应。这解释了为何书中强调"通过创造价值获得幸福"，而非直接追求幸福感受。

2. 痛苦是幸福力的" 磨刀石 "

一位用 REBT 走出丧子之痛的母亲告诉我："真正的疗愈，不是忘记伤痛，而是学会带着伤痛依然热爱生活。"这与佛学中"烦恼即菩提"的智慧不谋而合。

3. 幸福力的最高境界是忘乎自我的当下存在

在厨房里颠锅掌勺时，我亲历了"其乐融融"的

心流体验。那一刻，我突然懂得：当人全情投入生活中的每件事时，幸福已悄然融入每一个专注的呼吸里。

明日之约：愿我们江湖再见

曾有年轻读者在读完书稿后问我："如果练习了所有技术还是感觉不到幸福，怎么办？"我回答："那就再练一次，但这次，请带着不追求结果的勇气。"幸福从来不是一场考试，没有标准答案，亦无须与他人比较。它更像武夷山间的茶：初尝或觉苦涩，回甘却在心头。这本书若能成为你登山途中的一根竹杖，便不负我们此番心灵相遇。

许宗诺

于广东深圳

2025 年春

参考文献

［1］杰斯·费斯特，格雷戈里·J.费斯特，汤姆·安-露易丝.人格理论：从心理动力学理论到学习-认知理论［M］.方双虎，等，译.北京：人民邮电出版社，2023.

［2］纳撒尼尔·布兰登.自尊的六大支柱［M］.王静，译.北京：机械工业出版社，2023.

［3］米哈里·契克森米哈赖.心流：最优体验心理学［M］.张定绮，译.北京：中信出版社，2017.

［4］安妮·布洛克，希瑟·亨得利.成长型思维训练［M］.张伟，译.上海：上海社会科学院出版社，2018.

［5］李兴森，刘勇，李春晓，等.可拓创新思维及训练［M］.北京：机械工业出版社，2024.

［6］王阳明.传习录［M］.南京：江苏凤凰文艺出版社，2016.